我们共同走过

我们共同走过

上海科技馆　编

上海科技馆开馆 20 周年口述历史

上海交通大学出版社
SHANGHAI JIAO TONG UNIVERSITY PRESS

内容提要

二十年来，上海科技馆坚持守正创新，勇于担当作为，承担提升公众科学素养的使命，在国内科普教育行业充分发挥引领作用。本书通过访谈 30 位参与过上海科技馆及其分馆自然博物馆和天文馆建设、对"三馆合一"科普事业做出重大贡献的代表人物，记载科技馆创新发展中的新思想、新方法、新实践，生动反映建馆以来印象深刻的人和事，更好地传承科技馆精神，为上海科创中心建设做出新贡献。

图书在版编目（CIP）数据

我们共同走过：上海科技馆开馆 20 周年口述历史 / 上海科技馆编 . — 上海：上海交通大学出版社，2021.12

ISBN 978 - 7 - 313 - 25900 - 4

Ⅰ. ①我… Ⅱ. ①上… Ⅲ. ①科学技术 - 展览馆 - 历史 - 上海 Ⅳ. ① N282.51

中国版本图书馆 CIP 数据核字 (2021) 第 236789 号

我们共同走过：上海科技馆开馆 20 周年口述历史
WOMEN GONGTONG ZOUGUO：
SHANGHAI KEJIGUAN KAIGUAN 20 ZHOUNIAN KOUSHU LISHI

编　　者：	上海科技馆			
出版发行：	上海交通大学出版社	地　　址：	上海市番禺路 951 号	
邮政编码：	200030	电　　话：	021 - 64071208	
印　　制：	上海雅昌艺术印刷有限公司	经　　销：	全国新华书店	
开　　本：	710mm × 1000mm　1/16	印　　张：	22.5	
字　　数：	363 千字			
版　　次：	2021 年 12 月第 1 版	印　　次：	2021 年 12 月第 1 次印刷	
书　　号：	ISBN 978 - 7 - 313 - 25900 - 4			
定　　价：	85.00 元			

编委会

主　编
王莲华

执行主编
鲁　军

编　委
吴国瑛　张殿元　王　懿
黄怡静　孙乐琦　高千峻

整理人
谢似锦　魏之然　林欣欣　王　智　乔　博　段欣彤
徐俊奕　杨　帆　王晓娟　刘惠宇　司睿琦　曾庆怡
张梓桐　马晓洁　刘一鸣　汪　骞　欧柯男　王　坤
钟佳琳　谷笑影　魏雨田　易茜茜　程　璇　曾宇琛
曹诗芸　武菲菲　蒋　超　冯俊婷　江婷婷　刘　仪
刘淇枋

特别鸣谢
复旦大学新闻学院

序

王莲华

时间铭记梦想的足迹，历史镌刻奋斗的功勋。

从 2001 年迎来第一位观众，到如今浦江两岸三馆巍然耸立、人潮如涌，上海科技馆走过了极不平凡的 20 年成长之路。它的建设发展是上海改革开放发展变迁中的重要篇章之一，其中有筚路蓝缕的创业征程，有气壮山河的建设浪潮，有波澜壮阔的改革探索，也有拥抱世界的开放襟怀。

廿年初心如磐，廿载责任在肩。在上海市委、市政府和市科技党委、市科委的领导和关怀下，上海科技馆深耕科普、厚植创新，积极探索"三馆合一"的现代化综合性科学技术博物馆集群的发展道路，深入推进科普创新能力建设，在场馆建设、展览展示、教育服务、科学研究、人才队伍、国际合作等方面取得丰硕成果，彰显科普力量。

时光的表盘上，总有一些耀眼的时刻，标注着历史的进程。2001 年，上海科技馆在亚太经合组织（APEC）领导人非正式会议后正式对公众开放；2015 年，上海自然博物馆（上海科技馆分馆）在静安雕塑公园开门迎客；2021 年，上海天文馆（上海科技馆分馆）在滴水湖畔精彩亮相。20 年间，上海科技馆从同一屋檐下的"三馆合一"发展成为国内唯一集科技馆、自然博物馆、天文馆"三馆合一"的超大型综合性科学技术博物馆集群。

历史的车辙中，总有一些瞩目的成绩，伴随着成长的脚步。20 年来，上海科技馆各项工作取得了长足进步和可喜成绩。它是唯一同时获评国家一级博物馆、国家 5A 级旅游景区、全国文化与科技融合示范基地（单体类十强）、全国研学旅游示范基地、拥有博士后科研工作站的科技类博物馆。它还多次入选全球最受欢迎的 20 家博物馆，最高位列第 6 名，连续 6 次荣获全国文明单位称号，两次获得国家科技进步奖二等奖。

党建的引领下，总有一盏明亮的灯塔，指引着前进的方向。从"两学一做"学习教育，到"不忘初心、牢记使命"主题教育活动，再到"四史"主题教育、党史学习教育，上海科技馆以一流党建引领一流场馆发展，把方向、管大局、保落实，不断提高党的建设质量，推动全面从严治党向纵深发展，为实现上海科技馆高质量发展提供坚强政治保证。

作为开馆 20 周年的献礼，本书的出版也为社会公众提供了一扇了解科技馆历史与现实的窗口。本书通过 30 位科技馆建设发展亲历者的口述，记载了科技馆人的奋斗与辉煌、光荣与梦想，从不同的视角客观记录和全面反映建馆以来所发生的重要事件，真实反映科技馆创新发展中的新思想、新方法和新实践，也清晰勾勒出科技馆人在关键时刻的初心追求与使命担当。

星光不问赶路人，历史属于奋斗者。回首 20 年，我们深深地怀念并感谢为上海科技馆的发展兢兢业业、无私奉献的前辈们，深深地感谢所有曾经为科技馆建设和发展甘苦备尝、矢志不渝的同志们。感谢你们，是你们的努力积淀了深厚的办馆底蕴，取得了丰硕的展教成果，培养了一批批科普人才，播撒下一粒粒科学种子。而科技馆人所展现的开拓创新的豪情、攻坚克难的勇气与公众至上的价值追求，将始终是我们在继往开来、接续奋斗的新征程中最重要的精神力量。

征途漫漫，唯有奋斗。如今，上海正在全力建设具有全球影响力的科技创新中心，站在历史的新起点，上海科技馆乘势而上，全面推进馆治理体系和治理能力现代化，对标国际最高标准、最好水平，不断强化核心功能、优化科普展陈、完善服务流程，坚定不移走高质量内涵式发展道路，努力打造世界一流的文化地标、科普地标，奋力书写科普事业发展的新篇章。

（作者系上海科技馆党委书记）

前　言

　　2021年是中国共产党成立100周年，也是上海科技馆开馆20周年。20年来，上海科技馆始终坚持守正创新，勇于担当作为，各项事业发展取得了长足进步，为上海乃至全国科普教育事业的发展做出了积极贡献，同时也培育出了一批批心怀理想、传承使命、聚力攻坚、埋头苦干、携手奋斗的科技馆人。

　　值此开馆20周年之际，为更好地传承科普使命，弘扬科技馆精神，上海科技馆开展20周年"口述科技馆历史"活动，我们撷英咀华、结撰唯新，出版本书，回顾科技馆与时代共奋进、与祖国共腾飞的历史，在与过去的对话中，了解一个时代的发展脉络，体悟历史的温度，坚定再出发的信心和决心，奋力推进上海科技馆高质量发展。

　　《我们共同走过》聚焦于30位科技馆口述人的鲜活经历，通过一问一答的对话形式，讲述科技馆的前世今生，以及他们从参与建设科技馆到探索"三馆合一"发展之路的心路历程。每篇文章是独立的个体，彰显了来自不同领域的科技馆人的思考成果和精神特质，但它们之间又存在着千丝万缕的联系，呈现出了一幅完整的科技馆历史画像与丰富的科技馆精神内核。

　　在这些口述人之中，既有参与过三馆重大工程建设或对"三馆合一"事业做出重大贡献的典型人物，也有在展示、教育、科研等博物馆主业中发挥作用的典型代表；既有耄耋之年的老人，也有三十而立的青年；既有功勋卓越的领导前辈，也有出类拔萃的年轻骨干。从筚路蓝缕的宏图设想到如今蔚为壮观的科技馆集群，科技馆的20年发展历程犹如画卷般展开。在访谈、整理、撰写、影像口述采集的过程中，形成了访谈文字稿近百万字、收集影音素材数百小时、照片上千张，构建了科技馆史的记忆库。每一段经历都是一份珍贵的馆史，见证了上海科技馆从无到有、从兴起到兴盛的荣光，也见证了上海这座城市的变迁与革新。

回望来时路，远眺未来路。本书的出版，对总结上海科技馆开馆20周年历史经验以及指导相关科普场馆建设发展具有现实意义；同时可为相关科普场馆、旅游景点、博物馆以及科学界、教育界和社会公众等深入了解上海科技馆的建设发展提供一定的参考。

本书的出版，要感谢30位口述人，尤其是馆外的院士和专家，他们在百忙之中与我们分享的远见卓识，构成了本书的血肉；要感谢复旦大学新闻学院的师生们，通过一次又一次的采访、写作、修改，高质量地完成了本书的采访与写作；最后要感谢上海交通大学出版社在出版方面给予的大力支持。限于时间和编者水平，书中难免有不当之处，敬请广大读者批评指正！

编者

目 录

用大爱传递科学火种，
用真情播撒科普阳光

口述人：左焕琛

左焕琛，1940 年 9 月生。汉族，籍贯湖南湘阴。中国农工民主党党员，医学教授。曾任上海市副市长；历任全国政协委员、常委；上海市政协委员、常委和副主席；上海市人大代表、常委；中国农工民主党中央常委、副主席和中国农工民主党上海市委主委。长期从事医学人体解剖学和临床解剖学的教育科研工作，曾荣获中华人民共和国教育部、人事部和组织部颁发的"全国优秀教师"称号。自 2001 年以来，长期担任上海科技馆理事长和上海科普教育发展基金会理事长。现任上海科普教育发展基金会荣誉理事长。

先后荣获"中国科技馆发展贡献奖"、国家民政部"中华慈善奖最具爱心行为楷模"和国际科技中心协会（ASTC）"杰出行业领袖奖"等荣誉。

上海科技馆和基金会携手成长

问：左理事长，您好！您曾经在复旦大学上海医学院的行政及教学科研岗位工作，后又走上政府、政协和民主党派的领导岗位。请问您当年怎么会担任上海科技馆理事长的？

左焕琛：自 1996 年起，我担任上海市副市长，分管科技卫生等工作，由于任期内分管科创科普和科技馆建设工作，与科普结下了不解之缘。1998 年上海科技馆正式奠基，市委市政府将该工程定为"一号工程"。2001 年上海科技馆建成，在成功举办 APEC 会议之后，正式对公众开放。20 年来，上海科技馆一直是广大青少年和公众汲取科技知识、陶冶科学情操、提升科学文化素养的

中国载人航天飞行展在上海科技馆展出（右三左焕琛）

殿堂，我亲历了这座建筑的拔地而起，见证了这座科学殿堂的建设。

当年，为了加快推动上海科技馆的发展，上海市政府决定在上海科技馆建成之际，同步成立上海科技馆理事会，任命我为理事长，市政府分管科技的副秘书长任副理事长，市相关委办局的负责人作为理事会成员。这是全国科技馆行业成立的第一个理事会，也是上海在全国博物馆体制机制上的一个创新。科技馆每年向各理事单位汇报科技馆发展的重大事项，争取各理事单位的支持。如在2003年，中国首次载人航天飞行展在上海工业博览会展出，闻讯后我通过理事单位积极争取将其引进到上海科技馆展览，在理事单位的大力支持下展览得以成功。该展览每天24小时不间断展出三天，受到极大欢迎。那次展出的是我国第一次搭载航天员杨利伟的神舟五号，意义特别重大。此后，神舟六号、七号、九号飞船相继来到上海科技馆展出，许多航天员亲临现场与广大观众交流对话，大家为祖国航天事业欢呼。上海科技馆为公众普及航天知识的同时又大大增强了公众的爱国热情。

上海科技馆第一届理事会（左四左焕琛）

再如，上海自然博物馆新馆在市委市政府的关心和社会公众的呼吁下，得到理事单位的大力支持，于2009年正式立项，2015年上海自然博物馆（上海科技馆分馆）正式对公众开放。理事会的成立对上海科技馆和上海科普教育事业的发展起到了非常大的推进作用。

问：您作为上海科技馆理事长，也同时担任了基金会理事长，你是如何理解上海科技馆和基金会之间的关系的？

左焕琛：科技馆和基金会是一对孪生兄弟。20年来两者相互支持、合作共赢，创造了一个个辉煌。上海科技馆建设初期只有一个馆，藏品等物质基础较为薄弱，恰逢叶叔华院士呼吁建造天文馆，于是市委市政府决定把老自然博物馆并进来，新的科技馆包含自然博物馆和天文馆的内容，这就是"三馆合一"的由来。记得在1998年，时任上海市市长徐匡迪约我谈话，说到上海科技馆和科普教育事业的可持续发展不能完全依靠政府，要考虑动员全社会力量共同参与。因此，市委市政府在批准设立上海科技馆理事会的同时，批准成立了上海科技馆基金会（2005年更名为上海科普教育发展基金会）。徐匡迪同志为基金会募集到第一笔来自荣智健先生的1000万元善款，用于支持科普事业的发展。我非常感动，决心

荣智健先生捐赠1000万元善款

左焕琛为贝林先生捐赠的珍稀紫羚羊标本揭幕

要为上海科技馆、基金会和科普教育事业做出更多贡献。如今经历改革开放四十多年，随着全国和上海的经济、科技和文化事业的发展，以及满足人民群众对科学文化日益增长的需求，我们已在物理空间上建成了三个馆，"三馆合一"的集群化模式得以实现，这种集群化发展模式是上海在全国科技场馆的治理体系和治理能力现代化方面的又一次创新，这在全球也是独具特色的。在三馆的建设过程中，基金会通过大量的社会募集，为上海科技馆的发展发挥了积极的作用。

上海科技馆和基金会合作共赢的例子很多。再如，基金会为上海科技馆至今募集了各类标本和藏品千余件，动物标本700余件，其中珍稀动物标本400余件。美国的大慈善家肯尼斯·贝林先生的贡献最大，功不可没。正是因为上海科技馆和基金会共同合作的出色工作，才使得贝林先生给予全部无偿的捐赠，他的慈善事业也从上海走向全国。基金会还争取到了我国驻坦桑尼亚前外交官李松山夫妇无偿捐赠的非洲乌木雕塑和著名汀嘎汀嘎画作300余件；浙江企业家季新天先生捐赠的古生物化石100多件；还有天文馆陨石4件等；还得到了云南省捐赠的禄丰恐龙、上海汽车集团捐赠的在世博会上展出的新能源"叶子车"等，大大丰富了科技馆的藏品，也填补了我国珍稀野生动物和古生物标本的空白。上海科技馆利用这些标本和展项，在设计及布展上做了大量的创新，从而进入全国一流、国际先进的行列。

此外，上海科技馆和基金会还在科普展览、教育活动等领域开展了非常紧密的合作，为上海乃至全国的科普事业作做出了巨大贡献。

问：上海科技馆成立至今已经20年，您作为理事长，在科技馆和基金会的建设和发展中感到最欣慰和最自豪的是什么？

左焕琛：历经20年的发展，我非常欣慰我们能在市委市政府的正确领导下，得到市区、各委办局、社会团体、企业等社会各界的大力支持和帮助，使上海科技馆、上海自然博物馆，包括近期开馆的上海天文馆不断取得新成绩和新进步，在此我表示衷心感谢。同时我感到自豪的是双方通过合作共赢、共同发展的模式，都创造了卓越成绩，获得了很多的荣誉。比如，上海科技馆连续6次荣获全国文明单位，成为国家一级博物馆、国家5A级旅游景点、全国文化与科技融合示范基地，在全球最受欢迎的20家博物馆位列第6名等。基金会也连续三届蝉联上海市5A级社会组织，获得全国先进社会组织、全国科普工作先进集体等荣誉称号。2011年，由于带领上海科技馆和基金会把"流动科技馆"送到老少边区，我荣获国家民政部颁发的"中华慈善奖——最具爱心行为楷模"；2012年又荣获首届"中国科技馆发展贡献奖"，这是我国科技馆行业的最高奖项；于2015年获得国际科技中心协会（ASTC）颁发的"杰出行业领袖奖"，这

左焕琛荣获国际科技中心协会（ASTC）杰出行业领袖奖（左二左焕琛）

左焕琛（右二）带领上海科技馆、基金会赴江西省信丰县陈毅希望学校捐赠流动科技馆和科普书屋

是我国第一次获得该奖项。国际科技中心协会颁奖词中写道："……左焕琛理事长领导了多项推动和传播科普教育的活动。这些活动不仅提升了上海科技馆的全球影响力，还覆盖到中国的农村和边远地区……实实在在地改善中国农村地区青少年的生活状态。"这些奖项，不仅是颁给我个人的，更是上海科技馆和基金会历任领导及全体同志共同努力的结果，是大家的荣誉。

问：您曾经身兼数职，如在上海市和全国政协、上海农工党市委和农工党中央，以及复旦大学上海医学院等担任职务，您认为这些和上海科技馆、基金会的工作关联性主要体现在哪些方面？

左焕琛：这些职务可以帮助我们更好地获得各方支持、整合各方资源，以此来推动上海科技馆和科普事业的发展。我们基金会的宗旨是"集众人之力·扬科普之光"，动员社会方方面面的力量加入科普工作中来。如 2003 年 SARS 时期，上海科技馆和基金会动员社会各方力量举办了"科学与健康同行·SARS 后的思考"大型科普临展，时任中央统战部部长刘延东，原农工党中央主席、全国人大常委会副主任蒋正华，上海市委统战部部长黄跃金，市政府、市人大、市政协等领导都亲临现场给予大力支持。再如，时任上海市政协主席蒋以任带领和组织市政协与上海科技馆及基金会共同合作，举办了"建设资源节约环境友好型城市"的大型临展。近年来，我们与农工党上海市委携手合作将流动科技馆和科普书屋送到广西百色、贵州毕节大方、井冈山毛泽东红军学校等地，积极贯彻执行中央"精准扶贫"精神，我们以"科普扶智"将上海优质的科普资源送到对口帮扶和其他老少边区，使科普资源匮乏地区的青少年也能享受到上海的优质科普资源。

2020 年抗疫期间，原上海政协香港常委杨泳曼女士以及中铁二十四局领导将几万件防疫服、口罩、消毒用品等都捐赠给基金会，请我们转送给最需要它们的抗疫医护工作者。我带领上海科技馆和基金会的同志将防疫物资送到上海市（复旦大学附属）公共临床卫生中心和儿科医院等抗疫一线；基金会还向复旦大学附属华山医院和中山医院各捐赠 20 万元，慰问关心援鄂的医务工作者；同时还支持上海科技馆举办了"命运与共，携手抗疫——科技与健康同行"抗疫展览。

科普事业当举全社会之力

问：20 年来，您如何评价上海科技馆的建设和发展？有哪些成功的经验？

左焕琛：20 年来，在市委市政府的正确领导下，在市科技两委等相关委办局支持下，上海科技馆历任领导班子带领广大干部员工，积极探索、勇于创新，取得了卓越的成绩，创造了一项又一项骄人业绩。经验很多，主要包括以下几个方面：

一是始终坚持加强党的领导。始终坚持用习近平新时代中国特色社会主义思想等党的最新理论成果指导科技馆的科普工作实践，不忘初心、牢记使命。

二是始终坚持将科普工作与国家和上海的科技战略重点紧密结合。坚持将科普工作纳入"科教兴国""科创中心建设""城市软实力建设"等国家和上海的战略方向，进行统筹谋划，做强科普之翼，助力科技自立自强和创新英才的培养。

三是始终坚持求真务实、创新探索，勇当科普领域的先行者。在市委市政府的领导下,科技馆人进行了一系列体制机制创新,科技馆理事会、基金会、"三馆合一"均是国内首创;国家5A级旅游景点、博士后科研工作站、国家一级博物馆、全国文化与科技融合示范基地、"中国珍稀物种"系列科普纪录片制作、科普志愿者总队建设等均为行业先行者。

我们生活在一个美好的新时代,科普事业大有作为,我相信上海科技馆能够继承和发扬优良传统,不断开拓,创造更加美好的未来。

问:您认为上海科技馆和基金会的宗旨、核心理念是什么呢?可以谈谈具有代表性的科普项目吗?

左焕琛:一直以来,上海科技馆和基金会始终坚持贯彻落实习近平总书记关于科技创新和科学普及是创新发展的两翼的重要论断,秉承"用大爱传递科学火种,用真情播撒科普阳光",共同创办了许多科普品牌活动。除了各自创设的品牌活动之外,上海科技馆和基金会合作较为紧密的科普品牌活动主要包括上海科普大讲坛、上海赛复流动科技馆、农民工子弟走进科技殿堂、上海国际自然保护周等。我邀请时任全国政协副主席、中国工

上海国际自然保护周启动暨上海自然博物馆(上海科技馆分馆)开馆(右一左焕琛)

程院院长徐匡迪院士为科普大讲坛做首讲。疫情期间，还邀请了张文宏、吴凡等医学专家登上科普大讲坛为公众和青少年做抗疫报告。基金会支持上海科技馆举办"青出于蓝"青花瓷特展等各类展览，积极支持上海科技馆的科普影视片的摄制，以及上海科技馆和中国自然博物馆协会举办的"一带一路"科普场馆发展国际研讨会等活动。

基金会倡议设立"上海国际自然保护周"，倡导爱护自然、呵护自然、保护自然、亲近自然，得到了市科委、市教委的大力支持，并与基金会共同主办该活动。当时，正值上海自然博物馆新馆开馆之际，首届保护周就与上海自然博物馆新馆开馆同时举行。此后每年保护周开幕式都在上海科技馆举行。保护周旨在积极贯彻落实习近平总书记关于"绿水青山就是金山银山"的理念。该项目得到市政府的高度重视，保护周已从 2015 年最初的 3 家单位主办，发展到 2021 年由 5 个政府部门和市科协、基金会共 7 家单位共同主办。通过设立名人讲坛为上海特大型城市生态文明建设，以及崇明国际生态岛的发展建言献策。例如，2021 年，上海国际自然保护周以"呵护多样之美，共建生态之城"为主题，邀请专家、学者围绕"崇明生态建设，打造具有世界影响力的碳中和示范区"等议题展开讨论，为实现碳达峰、碳中和目标提供崇明样本、上海经验、中国方案。上海科技馆和科普教育促进中心在活动的组织策划等方面做了大量专业而细致的工作，同时通过邀请姚明等一些著名人士来做生态保护的倡议人，进一步扩大自然保护周和上海科技馆的社会影响力。保护周从 2015 年不到 50 万的参与人数，

问："明日科技之星"这个项目的主要内容是什么，有什么特殊的意义？

左焕琛：科技创新必须从小培养，就像邓小平同志讲的"计算机要从娃娃抓起"。青少年的创新意识和创新能力关系到国家的未来，基金会和科技馆每年投入大量资源在青少年创新素养的培育方面，创立一系列青少年创新能力培育项目。由市科委、市教委、基金会和上海科技馆共同主办的"百万青少年争创明日科技之星"是最具代表性的项目之一，旨在培育青少年科技创新思维和创新能力。该项目覆盖了上海16个区，每年有近100万师生参与。我们在此基础上还和儿童基金会共同创设了"未来科技之星"项目，并且延伸举办了"明日科技之星开放式论坛""明日科技之星科技拓展培育基地"等系列项目。

能够为科普教育事业多做一些事，多培养一些后来人，这是我从领导岗位退下来之后做的非常有意义的事情。"用大爱传递科学的火种，用真情播撒科普阳光"，这句话已成为我们共同传播科学知识的座右铭。

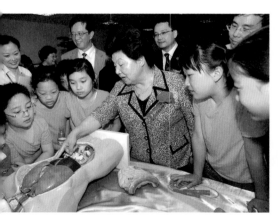

流动科技馆走进边远山区

左焕琛（右二）和志愿者在一起

问：您可以谈谈上海科技馆未来的发展方向吗？

左焕琛：20 年来，在上海科技馆历任党政领导班子的带领下，在同志们的共同努力下，上海科技馆取得了令人瞩目的优异成绩，值得我们自豪。现在"三馆合一"的物理空间已经具备、体制机制也正在日渐完善，我们的事业有了令人欣喜的扎实基础，上海科技馆的未来令人期待。世界科技日新月异，人们对美好生活的向往更加强烈，对科普工作提出更高标准和更严要求，我们绝不能躺在以前的功劳簿上，要倍加珍惜在这个美好时代，以时不我待的精神面貌，不断创新发展，在"十四五"时期要为争取成为国际一流博物馆而努力；要为上海建设成国际科创中心，为我国科技自立自强和培养科技创新英才，贡献更多的力量。

今后的科技馆发展，应该和我国"十四五"规划当中科技强国、教育强国和文化强国的目标联系起来，要思考如何以九部委联合印发《关于推进博物馆改革发展的指导意见》指引，坚持将馆的发展融入国家和上海的经济社会发展的大局。要始终坚持以人民为中心的理念，积极传承和播撒中华传统文化，线上线下结合，科技文化融合，为推动社会主义文化繁荣做出应有贡献。上海科技馆此前已被认定为国家文化和科技融合示范基地，这是我们新目标，要打破部门壁垒和思维隔阂，努力构建新发展格局，做成全国样板。

问：除了科技和文化融合以及推动科技创新成果科普化，您对上海科技馆还有什么别的期待吗？

左焕琛：2016 年，习近平总书记在"科技三会"上就明确指出，科技创新、科学普及是实现创新发展的两翼，要把科学普及放在与科技创新同等重要的位置。习近平总书记向广大科技工作者发出"向着世界科技强国奋力迈进"的号召，强调要走具有中国特色的自主创新道路。日前，在中央人才工作会议上，习近平总书记再次强调必须坚定走好人才自主培养之路。习近平总书记的系列讲话为我们上海科技馆未来指明了发展方向，提供了前所未有的历史机遇，我们要以"习近平新时代中国特色社会主义思想"为指针，紧紧围绕着展示教育、收藏研究的主责主业，砥砺前行、守正创新，朝着研究型科技馆的目标前进，力争成为全国领先、国际一流的综合性、研究型博物馆集群，持续提升科普策源能力，为上海科创中心建设、科技自立自强和科技创新人才培养做出更大的新贡献。

最后，我想讲，虽然我年事已高，但我愿为上海建成卓越的全球城市和具有世界影响力的社会主义现代化国际大都市继续再尽自己的一点绵薄之力。在上海通往令人向往的创新之城、人文之城、生态之城的建设道路上，我将永远做一名科普战线的志愿者，用大爱传递科学火种，用真情播撒科普阳光。我坚信我们的科普事业一定能够更加兴旺，祖国的明天会更加光辉灿烂！

整理人：林欣欣　魏之然

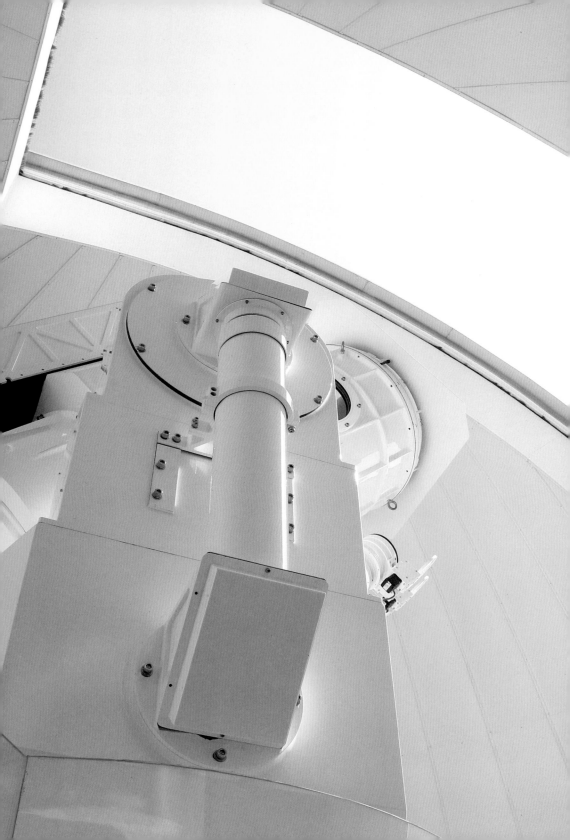

相融天文事业，心系一生

口述人：叶叔华

叶叔华，1927 年 6 月生。汉族，籍贯广东顺德。无党派人士，中国科学院院士、天文学家，上海天文台研究员。曾任上海天文台台长、国际天文学联合会副主席、中国天文学会副理事长、中国科协副主席、上海市科协主席、第五届全国政协委员、上海市政协副主席，连任三届上海市人大常委会副主任和全国人大常委会委员。长期从事天体测量和天文地球动力学研究，主持中国综合世界时系统、中国甚长基线干涉测量（VLBI）系统、国家攀登计划"现代地壳运动和地壳动力学研究"，推进甚长基线干涉测量（VLBI）技术和激光测距等新技术在中国的建立和发展，推动 VLBI 技术用于嫦娥探月工程，推进中国科学院与上海市合作建立 65 米口径的天马射电望远镜，发起"亚太空间地球动力学（APSG）"国际合作计划，并当选为 APSG 主席，目前正在推进国际合作项目"平方公里阵列（SKA）"的数据处理中心在中国发展。曾获得国家自然科学二等奖、中国科学院科技进步奖一等奖、上海市科技进步奖一等奖等。

为国家需要发光发热，是幸运的

问：叶先生，您好！您曾说，天文有助于拓宽一个人的世界观、宇宙观。请问您的宇宙观是什么？

叶叔华：宇宙观就是个人对宇宙的看法。我认为宇宙观主要有两种，一种是对宇宙大小的理解，有些人觉得自己所见即为宇宙；另一种则是善恶观，有些人将宇宙与神和宗教联系起来。

但我认为科学并不讲好坏，天文学是在向大家揭示宇宙的真相，比如我国的嫦娥探月工程就是在探索月球的真貌。月亮始终跟随着地球，就像是一个伴舞的人。

我觉得人的一生在宇宙中不过是一瞬间，在浩渺的宇宙中，地球也只是一粒灰尘。个人能够感知很强大的英雄主义，但是在宇宙中，我们只是一个非常普通的存在。从银河系到太阳系，再到地球、中国，直到个体，这样一层层看下来，个人对宇宙而言真的是微不足道。

问：您的一生中，曾遇过哪个挫折使您终生难忘？

叶叔华：那时，我为了"APSG 计划"准备前往美国，就在我准备动身的前三天，我老伴突然骑车跌了一跤，需要做更换股骨颈的大手术。

当时的医院没有现在这些条件，可以请人帮忙护理病人。作为家属，我应该照顾他。但是我要去美国参加这个每四年才举办一次的会议。于是，我和老伴讲了，他很体谅，所以在开刀后的第三天，我留下他一个人去了美国。他先是自己在医院里康复，后来在同事的帮助下回了家。他和我说，因为弯不下身，他穿一双袜子要很久，只能拿棍子帮忙。有时候他会抱怨在他最困难的时候我不在他身边，我对他真是遗憾和抱歉。

问：面对这些挫折，您是如何坚持下来的？

叶叔华：人的一生总要过得有意义，暂且不谈宇宙、国家这样宏大的概念，只要能够对家庭、周围的工作环境起到积极作用，我就觉得不枉此生。我想自己这辈子还算做了一些好事，每每回想起这些，我心里就很高兴。

我希望百姓安居乐业、国家强盛富足，如果每个人都可以这样想，那么我们的社会将会是一个安定和谐的社会。

每个人把自己的工作做好，就是一份很珍贵的贡献

问：您一生为国家做出诸多贡献，您觉得哪件事给您留下深刻印象？

纪录电影《星河一叶》上映

叶叔华：那应该是为上海天文台找"新出路"。我们天文台最初负责时间测量工作，后来这项工作大部分移到了陕西天文台，所以我很着急，就在琢磨未来上海天文台要往哪里走，要找一条什么样的路。当时正赶上空间技术的发展期，空间技术的研究有了很大的进展，这给了我很大启发。在查看了许多最新技术后，我了解到一种精确度很高、应用范围很广的甚长基线干涉测量（VLBI）技术，这种技术在天文学的各个分支里都有应用，有很广阔的发展空间。所以我想，如果天文台要走一条新路，这就是最好的一条路，但也是难度最高的一条路。

从理论上讲，把几个望远镜放得越远，分辨率就越高，应用范围也就更大。所以后来我提议，把望远镜放在上海和距上海3200多公里之外的乌鲁木齐。其实，在我们原本的计划里，还有第三个望远镜，打算放在昆明。但是当做完上海的望远镜后，我们发现经

费只够做两个望远镜，乌鲁木齐和昆明选哪里，这又成了新的难题。

当时昆明有自己的天文台，这意味着我们未来还有机会再次推进这件事情，而乌鲁木齐距离这么远的地方，如果错过了就是错过了，3200多公里的距离会极大地提升分辨率，而这个分辨率在中国几乎是最高的。所以，我当时就咬牙决定，那就干个难的。因为我知道我不干的话，别人也不会去干，但这样我就永远失去这次机会。我希望先把"硬骨头"啃下来，容易的事情以后有机会再做。

问：您曾提出并支持了"亚太空间地球动力学 (APSG)"国际合作计划，极大地提升了我国天文领域话语权，可否介绍一下这个计划？

叶叔华："APSG计划"的前身是我国的"攀登计划"。"攀登计划"是我国第一个对科研工作支持的计划，一共有10个课题。当我了解到这件事情以后，这10个课题已经定了下来。我就去找相关工作人员看章程，一看发现我们的项目"现代地壳运动和地壳动力学研究"完全合适，那怎么可以没有我们？所以我就不肯，最后在

叶叔华心系天文事业发展

天文台和地震、测绘等重要部门的努力下，我们争取到了这个项目。当然，能够成功还是因为这个项目本身非常具有意义，通过天文技术测量中国的地壳运动，不仅可以把国内地学界和天文界的专家学者团结起来，而且对于中国这样的多地震国家非常具有现实意义。

这个项目一共要做十年，到第二年的时候已经可以步入正轨，并且具有一定规模。所以我当时想，既然对国内的观测已经做到了有计划、有规模，那么我们能不能走出国门？我国周边国家有很多地震高发地区，如果能把地震探测做好，不仅对于国内，而且对整个亚太地区都有着重要意义。

其实在那时还发生了一件让我很难接受的事情。当时，美国支持在各个地区建立观测台，但是最后所有数据都到了美国人手里，由他们来研究、发表结果。不光是中国，其他周边国家也都是这样。我就想，为什么我们不能自己来搞？后来我找日本、澳大利亚同行讨论，为什么我们观测到的数据要给美国来发表文章，为什么我们自己不能做？于是，在这样的基础上，我提出了"APSG 计划"。

我真的在很努力推动这件事情。当时我国还没有一个真正由中国发起的国际性科研合作计划，干这件事其实并不容易。不过，我当时恰巧有两个机会。

一个是联合国教科文组织提出的口号"空间技术的和平利用"，这与"APSG 计划"的观念十分契合。那时候正好赶上联合国教科文组织在北京召开国际会议，我就自己出钱跑去参加会议。开会的时候我提出了自己的计划，并将中国的提案放进了亚太地区的相关文件中。

我当时很乐观，谁知道闭幕那天，发现决议中并没有我的提案。我赶紧查看决议中是否有相似提案，没想到真的有！在主席准备宣布通过这项提案时，我马上要求发言，解释自己的提案与当前提案的相似之处以及与大会主题的契合之处。现在想想，那时的我真是大胆极了，不过幸好，我的建议最终被单独列入联合国教科文组织的决议里。

二是找到科学组织的支持。在联合国大会的第二年，恰巧在美国有个国际性的地球物理联盟会议，这个联盟与天文学非常契合。我想一定要在这个会上把我的计划推出去。当然，我与美国宇航局也有好几年的联系，提前同他们打好招呼，这个项目我们一起来组织，他们也赞成这件事情。在这样的背景下，我一个人不顾一切地跑去美国开会。在会上，很多外国专家都怀疑我，一一质问我："你这样一名中国女性凭什么能够管得好这件事情？"那个晚上，我舌战群儒，后来在美国宇航局一位主管的支持下，项目才获得了通过。最后我和4个不认识的外国人一起起草提案，他们帮助我逐字逐句地修改，差不多弄到了晚上11点，还帮我送到了大会秘书处，最后成为会议的决议。

问：经过多次走出国门，您觉得我国应该如何更好地讲好"中国天文故事"？

叶叔华：一个人的一生中有很多机遇，有些人有机会做影响比较大的事情，但也有些人没有这些机会，可能从事很普通的工作，在山区里过完一生。虽然每个人所处的环境和遭遇各不相同，但不管怎么样，作为社会的一分子，不是一定要为社会做多大贡献，但起码应该是大家一起共享一些对彼此都有意义、促进幸福生活的事情。

这不仅是对国内，对外也是如此。在讲好"中国天文故事"之前，我们应该首先具备共同体的观念。我们需要理解除了上海、中国以外，还有全世界，我们都是地球的一员。地球非常大，足够人类生存。而从知识匮乏的年代到现在，人类能够做的事情还有很多。人可以到太空去，在火星上建立新家园，甚至走遍整个太阳系，看看外面的宇宙怎样……诸如此类，这都是我们天文人的梦想。如果人类可以把科学技术都用在好的方面，那么社会就会不断进步，而这些就是我所理解的讲好"中国天文故事"的基石。

科普工作就是要把 380 伏电压转换成 220 伏电压

问：从您和谈家桢先生推动上海科技城建设到上海天文馆建成开放，您还记得最初的期待吗？

叶叔华：20 世纪 90 年代，我和谈家桢等四位院士向市领导建言，上海应该有个科技城，对公众进行科普教育。后来上海科技馆建了起来，非常漂亮，2001 年还举办了亚太经合组织（APEC）第九次领导人非正式会议。

上海科技馆建成并成功运营之后，谈先生和我的心愿并没有完全实现。我很希望上海能有天文馆的一席之地，所以 2010 年 7 月我再次向上海市政府致函，建言建设上海天文馆。深空探测是各国科技竞争的重要"赛场"，兴建上海天文馆，不仅能够激发青少年对天文学的兴趣，还能为我国深空探测培养后备人才。2012 年，上海市政府正式委托上海科技馆承担上海天文馆的建设任务，中科院上海天文台承担专业支持。

现在看到上海天文馆也建好了，我真的非常高兴。我希望不管是谁，来到上海天文馆都能有所得，这才是有生命力的天文馆。不管是小孩，还是弄堂里的大爷大妈、中学生、大学生、天文学同行都能有所得益，这才是世界上最大、最好的天文馆。作为全球建筑规模最大的天文馆，上海天文馆也是我国科普走向世界的一个途径，通过吸引国内外观众参观，不仅向他们传达科学知识，也可以把"中国品牌"打得更响亮。

问：除了推动场馆建设以外，您还对上海科技馆做出了哪些贡献？

叶叔华：一直以来，我都很关心上海科技馆的建设。就拿最近新开的上海天文馆来说，从上海科技馆接受上海天文馆的建设任务开始，我就一直在对天文馆的建设进行指导。从最初的概念设计、馆址选择到内容策划阶段，我通过参与专家咨询会对上海天文馆建设理念和方向给予具体的指导，并支持上海天文馆选址在临港。到了上海天文馆展示工程最为重要的整体规划设计阶段，我仍然全部参与四个重要阶段的专家评审会，也算是为展示规划设计的成功提供了一些指导。后来，在上海天文馆建设全面完成之际，我也两次应邀来到现场指导。

叶叔华（前排右一）出席上海科技城专家委员会会议

叶叔华（左三）指导上海科技城建设

除了指导上海天文馆的建设以外，我想我对天文研究中心的建设也算是出了一份力，我参加了研究中心的成立仪式，并担任了研究中心的特聘科学顾问，我对中心的发展提出了一些希望，我特别希望天文研究中心可以茁壮成长。

问：您觉得科学传播对非专业人士的作用和影响有哪些？

叶叔华：对于非专业人士来说，学习科普天文知识比较好的方式就是参观天文馆。比如新开的上海天文馆，不是以科教的方式向观众灌输信息，而是通过具体图像、动画、模型来生动地介绍宇宙、太阳系是什么，地球在太阳系哪里，太阳系与银河系有什么关系，银河系之外又有什么。这能够帮助大众形成对宇宙一般的、普通的认识。

这样的天文馆展览和科普教育可以开阔观众的眼界和思路，帮助他们了解原来宇宙如此巨大，个人对宇宙来说仅是一个微小的生命，这不仅意味着形体之间的差别，在时间上更是如此，人的一生在宇宙中只是很短的

叶叔华院士为天文研究中心成立揭牌

瞬间。战乱、政权更替……这些在地球上发生的事情，或许看起来"很大"，但如果把目光离开地球，看看周围的火星、木星和太阳，再看远一点，是银河系，在银河系里有数不胜数的、像太阳这样的恒星，而银河系也只是宇宙中很普通的一个星系，它并非唯一。

所以，我们在宇宙中真是沧海一粟。不过，对于个人来说，几十年、上百年的时间依旧很漫长。个人在其一生中可以为善，亦可以作恶，在这样的"短暂瞬间"里成为怎样的人，是很值得我们思考的问题。

问：作为一名拥有诸多成就的科学家，您对青年有怎样的寄语？

叶叔华：我想对青年说，中国要从大国走向强国，科技的力量不可或缺，各方面的人都要出力，而且都寄希望于年轻一代。我确实寄希望于年轻人，中国的强大就在你们的肩上了！

同时，我希望大家都能明白，每个人把自己的事情做好，就是一份很重要的贡献。要学会真心对待他人，尊重他人。贡献不论大小，工作没有贵贱。每个人都有专属于他的位置，你能做的我不一定做得好，我能做的你也不一定做得好，如果说让我去做厨师，我根本做不好。所以，所有工作、每个人都有很值得尊重的地方。

因此，要真心待人、平等待人，这样，我们的社会才会慢慢变得更好。除此之外，要尊重自己的工作，不要看不起自己的工作，大家的工作合起来才是一个社会。

整理人：徐俊奕

科普，让青少年爱上科学

口述人：褚君浩

褚君浩，1945 年 3 月生。汉
族，籍贯江苏宜兴。中共党员，
中国科学院院士，亚太材料科
学院院士，半导体物理和器件
专家。现任中国科学院上海技
术物理研究所研究员，复旦大
学光电研究院院长，华东师范
大学教授，红外物理国家重点
实验室学术委员会主任，《红

外与毫米波学报》主编，上海科技馆学术委员会主任，上海市红外与遥感学会名誉
理事长，上海科普作家协会名誉理事长。曾任第十届、第十一届全国人大代表，上
海市政府参事，上海市科协副主席。长期从事半导体红外光电子物理研究，曾获得
国家自然科学奖 3 项，省部级科技进步奖和自然科学奖 16 项，2004 年获得国家重点
实验室计划先进个人奖"金牛奖"、国家 973 计划先进个人奖，2013 年获得上海首
届科普教育创新奖科普杰出人物奖，2014 年获评十佳全国优秀科技工作者，2017 年
获首届全国创新争先奖奖章，2017 年获评"光荣与力量——感动上海年度人物"，
2020 年获得联合国工业发展组织上海全球科技创新中心突出贡献奖。

架起科学家与公众的"桥梁"

问：褚院士，您好！多年来您一直情系上海科技馆，请问能否与我们分享一下您与上海科技馆的渊源？

褚君浩：我于1978年读研究生，1984年博士毕业，之后除有三年在德国做博士后研究外，其余时间都在中国科学院上海技术物理研究所工作。2006年开始，我到华东师范大学信息学院任职，当了十多年院长。2020年开始，我来到复旦大学光电研究院担任院长，筹备光电研究院的各项事务。

说到与上海科技馆的渊源，也是因为我一直从事科学研究，同时做一些科学普及的工作。上海科技馆作为一个科普场馆，主要工作之一就是向大众做科学普及。正因如此，上海科技馆领导邀请我担任上海科技馆学术委员会委员，现在是担任学术委员会主任。我们会经常开会讨论上海科技馆的发展，比如科技馆在各个阶段的发展情况，围绕自己的研究领域提出一些建议。上海科

2020年度上海科技馆学术委员会专家合影（左七褚君浩）

技馆在这 20 年来发展得很好，大家有目共睹，这些成果也是科技馆工作人员努力的结晶。

习近平总书记说，科技创新、科学普及是实现创新发展的两翼，要把科学普及放在与科技创新同等重要的位置。整个社会的科普氛围促进科技馆的良性发展，加之上海市对科学普及的重视，比如设立了许多针对科普的奖项等，上海的公民科学素养得到不断提高。现在，科普在社会上很受欢迎，上海科技馆的领导和员工把科普作为一项事业来对待。通过科技馆这一载体传授科学技术知识，参观者也可以亲自动手体验。另外，上海科技馆不单单是一个场馆，还承担着社会主义精神文明建设的任务。它的科普内容很有趣，科技工作者感兴趣，参观人员也有兴趣，就是在这种对科学的兴趣中，社会逐渐形成一些精神、文化、观念上的共识。所以，上海科技馆的创办很有意义。

问：您认为上海科技馆哪些地方做得比较好，给您留下较为深刻的印象？

褚君浩：我认为主要有以下几点。第一，上海科技馆开设的许多活动，青少年都能直接参与，这里面涉及的物理、化学、生物学等知识可以自己去实践，通过亲身体验来感受科学的魅力。第二，上海科技馆尤其是自然博物馆有很多自己的藏品，这些收集的不仅仅是单纯的藏品，而且每件藏品后面都有很厚重的内容。第三，上海科技馆有许多前沿的内容，比如上海市重大工程项目，量子、桥梁、宇宙航行、卫星、前沿科技和材料都在馆中有所反映，这是很有特色的。另外，上海科技馆还筹拍了许多科普电影，并在馆内进行展示。电影本身也是媒体传播的一个方法，有些科普影片还会采用 4D 等科技元素，呈现形式丰富，产生了积极的社会效益。在我看来，上海科技馆在规模、水平、人数、内容等诸多方面都表现得十分出彩。

问：您觉得上海科技馆在科普教育中发挥了怎样的作用？

褚君浩：应该说上海科技馆在科普教育中发挥了支柱性的作用。因为科普工作需要通过多方位、多种形式来开展，要让更多人加入科普的队伍，如科学家、科普工作者、院校老师等。除了这些科普外，更要有一些重点的也是躯干型的科普机构，科技馆就应该发挥这种躯干型的作用，因为科技馆是科普内容相对比较集中的场所。上海科技馆地方大、投入多、科普人员相对集中，涉及的科普面也最广，理应发挥引领性作用，由上海科技馆这个"躯干"加上社会性科普活动，构成整个科普架构。另外，上海科技馆也在不断创新科学传播模式，在科学家和公众之间搭建了"科普之桥"。上海科技馆要牢固树立"学术强馆"的发展战略，着力加强以"科普展示教育"为核心的科研能力建设，不断提升科普创新力、科研转化力和学术影响力，切实发挥好科创中心建设的助推器作用。

我希望上海科技馆能够成为上海的一张名片，使它在上海有影响力，在中国有影响力，乃至在世界也有影响力。我之前在德国待过三年，德意志博物馆、奥林匹克中心、英国公园是大家去慕尼黑都要参观的地方。我也希望今后大家来到上海，都会到上海科技馆打卡，像上海的城隍庙、东方明珠那样，让上海科技馆能够与东方明珠并驾齐驱，讲到上海大家就会想到上海科技馆。

春风化雨，润物无声

问：您被誉为"心系科普的
院士"，当初为什么选择了
科普这种方式？

褚君浩发表在报纸上的科普文章

褚君浩：我小时候很喜欢读书，像《科学大众》《科学画报》等科普书刊看过许多。我之所以从小就热爱科学，其实也是受到了这些科普书刊的熏陶。记得在徐汇中学念书时，我们学校的图书馆有许多藏书，当时学校规定一个学生可以一次借三本，借着这种机会，我的课余时间大多是在课外书籍的陪伴下度过的。那时候功课不像现在的学生这么多，我每次都很快地做完作业，然后迫不及待地去看我喜欢的书籍。因为有这样的经历，我感到科普对一个人的成长是非常重要的，尤其是中学阶段，这一阶段我开始思考一些人生看法，确定自己将来的发展。

另外，我在大学毕业后当了10年的中学物理老师，教工业基础。在教书的这段时间，我深刻地体会到要把"难的东西讲得容易、复杂的知识讲得简单"是很重要的。当时，《解放日报》和《文汇报》也会约我写一些科普文章，从那时起我就开始做一些科普的工作，当时还写了一本科普图书《能量》。1978年，我来到上海技术物理研究所读研究生。由于我很喜欢科普，经人介绍参加了上海市科普作家协会。那时候年纪轻、科研任务重，科普工作做得不多，等到后来年纪慢慢大了，对科普的接触也越来越多。后来我成为上海市科普作家协会理事长，经常要推动一些科普的工作。我大多数的科普内容也是围绕光电、传感器、红外等物理学和高新技术领域，既跟我的专业相关，同时又跟社会发展紧密相连。我认为做科普与做科研也是一种互补，我把一些科学问题讲清楚，相当于自己再次把这些知识梳理、消化并吸收，之后在申请项目、写报告等工作时，对自己也是有帮助的。

问：您之前也提到，要将科学传播与教学衔接，推动科技馆的科普文化融合创新之路。作为上海科技馆学术委员会主任，请问具体可以通过什么方式来将科学传播与科普教育衔接？

褚君浩：这几年来，上海科技馆在渐进和量变中有突破、有创新，取得了突出成绩。作为上海科技馆学术委员会主任，我也希望上海科技馆接下来能结合科技发展前沿，将科学传播与科普教育衔接，加强科技创新培育，加快人才队伍建设，瞄准科技发展潮流，抓住时代发展机遇，推动科技馆的科普文化融合创新之路，不断提升科技馆的辐射和示范效应。上海科技馆在更新改造中可更加突出科学精神、文化创新精神，并与中小学教学相结合；加强基于藏品收集的研究，产出更多学术成果。在"三馆合一"的大背景下，馆学术委员会应为上海科技馆新一轮定位发展提出专业化、建设性的意见和建议，为科技馆的科学运行、创新发展给予学术引领和有力支撑。

当然，上海科技馆也可通过举办各种有趣的科普活

上海科普大讲坛"未来科学＋"启动仪式（左二褚君浩）

动来将两者更好地衔接。比如"未来科学+"暑期科学营活动，通过青少年和不同领域的重量级专家面对面的形式，开展天文、物理、生物、人工智能等多方面的主题讲座。国际知名的科学家们走下高高的演讲台，和公众面对面一起讨论探索，既培养了青少年科学研究的能力和崇尚科学的精神，也让科学有了人文的底蕴。另外，上海科技馆也在一些展教活动后，让科学驿站的展品和装置，以及相关主题科学表演和科学课程，以微型临展和教育资源包的形式，走进学校、社区、商场，并辐射到长三角乃至全国其他的科普场馆，实现科普资源的循环利用，进一步推广传播。

站位要高，努力营造全社会参与的科普氛围

问：我们也看到，上海科技馆之前推出了"上海科普大讲坛"品牌，之后又陆续推出"未来科学+"暑期科学营、"遇见@科学家"等一系列针对青少年群体的活动，您觉得上海科技馆推出的这些活动效果如何？

褚君浩：上海科技馆每年暑期都会有一些针对青少年的主题活动，我也参加过一些。我认为举办这些活动的目的之一就是增加与参观者的互动性，而不仅仅是让参观者参观科技馆和听主题报告。各类活动增加了科普的趣味性，让青少年爱上科学。比如说围绕一个主题，让孩子们和科普人员一起互动、讨论，这种方式达到的科普效果自然也更好。

目前来说，上海科技馆的科普工作主要还是面向青少年的比较多，之后我也希望上海科技馆可以增加一些面向其他群体如公务员、企业家等的科普活动，使他们了解当前科学发展的前沿和趋势，了解科学发展对社会和企业的

影响，这样更有利于他们开阔眼界、选择项目和开展工作。

问：针对一些专业性、科学性较强的知识，怎样做到易于青少年理解且保证内容的严谨性？

褚君浩：举个例子，比如传感器，在向青少年解释传感器的原理时，我会将传感器比喻成耳朵、鼻子和眼睛。到洗手间的水龙头洗手，只要将手放在水龙头下面，水龙头就会自动感应释放出水来，正是因为在水龙头下面装入了传感器。在这之后，我再向他们科普这是一个什么器件，是什么材料做的，由浅入深，整个科普就会很生动形象、通俗易懂。我认为科学普及其实有三个维度：第一个维度是科学知识本身；第二个维度是知识的由来；第三个维度是科学知识与社会、经济、产业、文化甚至哲学等之间的联系。如果做科普可以把这三个维度都理解透，这对科研本身也是很好的促进，科学家也可以借此实现自我提升。

问：有些人认为做科普比较枯燥乏味，技术含量不高。但上海科技馆开展的很多科普活动一直深受学生和市民喜爱，科普如何做到寓教于乐？在如今社会科普资源不足的情况下，如何才能培养并保持群众对科普的热情？

褚君浩：在我看来，科研只是科学家的一种能力，而科普则需要更多能力。科普绝不是小儿科，科学家要将对某一学科知识的理解，在脑海中生成一个动态画面，画面生成越精细、越清晰、越流畅，这些科学内容就有可能被更好地传播，被学科以外的人接受，这并不是一件容易的事，科学家也可以在高端科普的实践中，得到更多学科交叉的机会。

上海科技馆的整体氛围很好，它的科普毫无"你听我讲"上课式的枯燥，而是内容丰富、形式多样的活动，比如通过举办暑期活动、放映科普电影等形式来进行科普。另外，上海科技馆通过与中小学建立馆校合作的形式，培养青少年对科学研究的兴趣，共同

上 | 褚君浩参加上海科技馆"遇见@科学家"活动

下 | 褚君浩做客上海天文馆参与"科创第一课"线上直播

探索博物馆的教育之路。加之现在国家对科学的重视，家长也更愿意让孩子参加科普活动，希望孩子将来学业有成、奉献社会，这样，整个社会就会形成一种积极的科普氛围。

针对现阶段社会科普资源不足的问题，对科普工作者来说，我们要营造一个良好的社会科普氛围，让大家愿意投身到科普中来，使科普人员有成就感，越来越多的人参加科普工作，这在一定程度上也会激发积极的社会效益。在现在的科研考评体系里，对于科学家，尤其是年轻科学家从事科普的工作量并没有计入考评，这会影响他们从事科普工作的积极性，应该把对科学家做科普的鼓励体现到制度中去，让更多优秀的科学家乐于科普、安心科普。

对于上海科技馆来说，它本身就是一个科普的主体。一方面，科技馆可以通过举办更多的活动来尽可能地覆盖更多的人群；另一方面，要做一些项目就要有一定的资金支持，可以通过一些项目资金或申请国家自然科学基金等方式来实现。一个科技馆想要真正办好，一定要有研究，像哈佛大学博物馆，馆内为研究员提供了很好的软硬件条件，会将馆内的一些研究成果转化为科普内容。上海科技馆将来也可以建设学科点，培养更多的研究员和科普工作者。

科技馆要深入学习贯彻习近平总书记"把科学普及放在与科技创新同等重要的位置"的讲话精神，坚持国际视野，积极引入全球前沿科学技术和展示技术，输出满足观众日新月异文化需求的科普成果，共同助力把上海科技馆建设成世界级博物馆。

问：您之前提到要提升科普创新力，可以举例分享一下具体是怎么开展的吗？在之后的工作中还有哪些计划？

褚君浩：科普创新是一个不断探索的过程，我们无法通过一次科普活动立刻得出有形的东西，但通过科普可以提高人的科学素质和思考问题的能力，上海科技馆在这个过程中也发挥着更加系统的作用。也许一个青少年来上海科技馆参加活动，他深受启发，决定了将来的学习方向，这在我看来就是一个很大的贡献，因为这对孩子形成了巨大的推动作用。再比如，学习到传感器的知识后，青少年可能会更多地关注到生活中的便利。孩子们来参加科学营这样的活动，在学习的同时，与同龄人一起设计自己的项目和展品，表达自己的科学思维和科学内涵，他们的设计成果也可以在上海科技馆展示。我们希望可以通过这些活动使孩子们获得看待问题的不同视角。

在之后的工作中，我也会继续围绕自己的研究方向进行一些科普工作。除此之外，上海科技馆正处于"三馆合一"的发展新阶段，我们可以把现代科学的新发展以及有待提升的方面通过改造进行完善，我想这是上海科技馆接下来非常重要的事情。通过这次更新改造来提升上海科技馆的能级，在今后发挥更大的作用，为社会做更大的贡献。

整理人：杨帆

科普教育就是打造未来

口述人：张晓艳（钟扬夫人、同济大学教授）

钟扬，1964 年 5 月生。汉族，籍贯湖南邵阳。中共党员。生前系复旦大学生命科学学院教授、博士生导师，研究生院院长，中组部第六、七、八批援藏干部，教育部长江学者奖励计划特聘教授，国家杰出青年科学基金获得者。曾获国务院政府特殊津贴、全国先进工作者、全国对口支援西藏先进个人和国家技术发明奖二等奖、教育部自然科学奖一等奖等。长期从事植物学、生物信息学研究和教学工作，深度参与上海科技馆、自然博物馆的筹建，并作为学术委员会成员，义务服务 17 年。2017 年 9 月 25 日在去内蒙古城川民族干部学院为少数民族干部讲课的途中遭遇车祸，不幸逝世，年仅 53 岁。2017 年，教育部追授他为"全国优秀教师"，中共上海市委追授他为"上海市优秀共产党员"，2018 年，中央宣传部追授他为"时代楷模"，中共中央授予他"全国优秀共产党员"称号。

问：张老师，您好！钟扬老师在上海科技馆的工作从他到上海不久后就开始了，请问当时是什么样的契机促使钟老师参与科技馆的工作呢？

张晓艳：钟扬个人对博物馆的情结，让他始终关注像博物馆和科技馆这样的第二课堂。我们在美国的时候，每到一个地方都会去当地的博物馆。在芝加哥有一个博物馆，介绍中国的时候，我国的西藏被单独展出，这件事对他印象很深。显然，博物馆作为思想启蒙、文化传播的重要阵地，如果我们不去占领它，就会有别的思潮去占领它。

上 | 钟扬和夫人张晓艳

下 | 上海自然博物馆的中英文图文版都出自钟扬团队之手

我们当时在国外参观了很多博物馆，实际上也是在观察它们的发展状况。这期间，我们曾在加州伯克利大学待了三个月，钟扬经常会说，这个校园虽然不大，但是你走着走着就可能会碰到一个诺贝尔奖得主。他非常关注科技文化成果上的差距，在日本留学的时候，他也会思考，同在亚洲，为什么日本的诺贝尔奖获得者会比我们多。

从国外回来后，我们一起接手了科技馆的工作。我怀孕之后，科技馆的工作基本上都是他在做，主要是上海自然博物馆中英双语图文版的撰写。语言要既精炼又准确，最难的是准确，而且需要在尽可能少的文字里表达得很准确，同时还要兼顾科学的趣味性和人文关怀。要把上海自然博物馆建设成为国际顶尖的博物馆，就要突破上海的地域限制，且要对标国际。钟扬搜集了大量的国内外资料，从中汲取营养与灵感，花了非常多时间，修改了很多次，最终有了现在的图文版。

问：图文版在上海自然博物馆起到很重要的引导作用，钟扬老师旁征博引，引用了很多大家的作品，比如老子、庄子、屈原等，一字一句都凸显了钟扬老师深厚的文学积淀，这种深厚的积淀从何而来呢？他在写文稿的过程中有没有遇到一些困难？

张晓艳：他深厚的文学积淀来源于他学生时代的积累，也来源于各种实践的磨砺。他的文学功底其实一直都很强，他很喜欢读书，只要有时间他就会看书，看完的书会自己消化掉，比如把它写出来。他的阅读书单非常杂，各种门类的书都会读。我们在美国的时候，他基本上会花半个月的工资去买书。

上海自然博物馆的图文版要求用中英文双语，翻译工作量很大，他对翻译有自己的要求，要"信、达、雅"，翻译的痕迹不能太重，同时要地道准确。钟扬遇到不熟悉的学科，就去请教自己认识的高手。2014年的五一小长假，他和团队一起加班，因为碰到了他不太擅长的地质古生物的部分内容，他就把中国地质大学的王永标教授请来一起讨论。

问：钟扬老师一方面为上海自然博物馆编撰着中英双语的图文版，是一种跨越语言的转译；另一方面，把科学知识从深奥艰涩加工成通俗易懂的内容，是一种跨越不同文化圈层的转译，您觉得这两种输出对他而言哪种挑战更大？这种挑战表现在哪些方面？

张晓艳：后者难度更大，因为这种输出是在自己完全消化的基础上的再创作，要把一些比较艰深的东西内化掉而且要深入浅出地表达出来。

钟扬（左二）在尚未完工的上海自然博物馆度过 50 岁生日

从温泉蛇到博物馆之夜

问：上海自然博物馆中有许多珍贵的动植物标本，比如我们所知道的温泉蛇、高山蛙，这些标本与钟扬老师之间都有一些故事，您能展开讲讲吗？

张晓艳：钟扬深度参与了上海自然博物馆的图文版编撰，所以对整个大纲了解得非常清楚。他知道上海自然博物馆中青藏高原展项群有特色的标本比较少，就想要补上这个空缺。温泉蛇、高山蛙只是他采集标本的一部分，在这里展出这样的标本也是经过他考量的，他非常关注生物与环境之间的关系。比如温泉蛇，它是变温动物，周边温度降低就会影响它的生命活动。那么在高寒的青藏高原这种极端环境中，它们是如何生存的呢？在青藏高原这样极端恶劣的大环境中有这样一个微环境——温泉，温泉为这个物种提供了适宜的生存环境。

问：除了为上海自然博物馆提供标本之外，钟扬老师在科普教育上还做了哪些工作？

张晓艳：钟扬经常开展公益科普讲座，他是上海不少中学的科学顾问，定期给中学生讲科普故事。上海科技馆曾邀请钟扬参加"达人带你逛"活动，展区模拟真实的热带雨林，钟扬耐心地爬上爬下，一边爬假山，一边向大家讲解，展区内的参观者都被他的讲解吸引。他一直对科普工作保持热忱，同时他也是善讲故事的人。在过去的采访中，他曾提到想写科普寓言故事，第一篇就叫《蜗牛！快跑》，这个故事兼具文学的趣味性和生物学的知识性。蜗牛怕什么？蜗牛怕全球变咸，小孩折腾蜗牛就给它撒盐。对蜗牛来说，如果全球变咸了，它的身体就会一点点地缩小，但是这个故事有一个很光明的结局，因为蜗牛很聪明，它居然进化成了第一个光合作用动物。钟扬认为写科普故事也要创新，要通过创新形式，让创新内容普及到更多受众。

2017年5月18日，是上海自然博物馆第一次"博物馆之夜"活动，钟扬做了"保护红树林"的演讲，演讲现场观众反响热烈。他脱口秀式的开场牢牢抓住了现场观众的注意力，笑声此起彼伏，从调侃自己"闭着眼睛"夜访自然博物馆讲起，他鼓励到访者积极为自博馆的图文版"找茬"，及时订正存在的错误。温泉蛇标本的抓取、红树林的保护，这些野外实践的经历经由他生动的描述，都化为画面感极强的故事。

问：钟扬老师对科普工作的执着是大家有目共睹的，他在上海也经常抽时间去给中小学生做科普讲座，在科技馆也参与了博物馆奇妙夜等科普活动，他做这些的初衷是什么？

张晓艳：他发现学生的思维惯性其实还是很难改变的。中小学教育已经固化了他们的思维模式，做题追求正确答案，或一味猜想老师中意的答案是什么，而不是独立思考，他希望能够在中小学阶段给学生们一些新的启发。"批判性思维"不是否定一切，而是扬弃，是推动科学创新，这才是科普的核心价值。

问：科普是上海科技馆的重要任务之一，钟扬老师曾在上海科技馆学术委员会 2017 年度会议中提到，要深刻认识到科普工作已经从知识传播转向为互动体验，要思考下一步的创新点，挖掘出上海科技馆独有的优势。他在这个方面是如何做的？

张晓艳：科普从知识传播到互动体验，培养人才是非常重要的。2000 年，在我们刚回国的那个阶段，其实社会对科普并不是很重视，但是提高科学素养是迫在眉睫的事情，他想要尝试着去改变，他把培养学生作为一种使命。如果他只想着发表文章这些事，当然可以走一条平平坦坦的学术之路，但是他花很多时间在科普和培养学生上面。比如去西藏，刚开始他是抱着输出知识的心态去的，但是后来他发现，三年一轮，却没给当地留下什么，就开始思索要怎样从输血转化成造血，如在当地培养一些学生，把"种子"留在西藏。

上海科技馆自然史研究中心的发展、研究方向等都是与钟扬商讨之后确立的，如今这个自然史研究中心已经有 20 多人，有近 20 个博士生，这支队伍的建设对科普工作的开展是非常重要的。

整理人：王晓娟

上 | 钟扬（左一）在西藏采集标本

下 | 钟扬打着手电筒带领观众体验博物馆奇妙夜

以系统化思维实现科技馆关键期发展

口述人：毛啸岳

毛啸岳，1950 年 11 月生。汉族，籍贯浙江奉化。中共党员。1969 年 8 月至安徽省郎溪县飞里乡插队落户，曾任生产队长、大队党支部书记、人民公社党委副书记、革委会主任、乡长、乡党委书记，县农村经济委员会党组书记、主任，1987 年 4 月起，曾任郎溪县副县长、县  委副书记、县长、县委书记，1997 年 12 月任宣城地区行署副专员，2000 年 11 月任宣城市副市长，2002 年底调至上海任奉贤区副区长，松江区委常委、副区长，2008 年 7 月任上海科技馆党委书记，他坚持党建引领，注重人才队伍建设，选派 20 余人支援世博会部分场馆的建设和运行，2011 年 7 月任十三届市人大农业和农村委副主任委员。

时不我待，重任在肩

问：科技馆的工作内容与您之前从事的工作比起来，跨度大吗？

毛啸岳：我原来长期在地方党政领导机关工作，工作性质是综合性行政工作，而上海科技馆是专业性很强的科普展示教育工作，实质是窗口服务单位，工作跨度很大。刚到科技馆时，我面临三个考验：一是到科普场馆这个从未涉足过的工作领域，工作性质、工作对象、工作方式方法都变了，一切都得重新开始；二是组织上有交代，工作上有明确的任务和要求，以及上海科技馆正处于发展的关键且特殊时期，对自己是一种能力的再考验、责任的再承担；三是岁月不饶人，当时我快 58 周岁了，已进入退休倒计时，时不我待，必须尽快进入角色，就是"干好今天，安排好明天，谋划好后天"。

问：为什么说那时是极为关键的时期？

毛啸岳：我是 2008 年 7 月 31 日正式报到，2011 年 10 月 18 日离开的，屈指算来总共 1174 天，三年多一点，应该说这时段是上海科技馆发展中的一个十分关键且特殊的时期。当时上海科技馆对外开放运行已有 7 年，已进入了发展成熟期，许多方面须完善和提升，如常设展区和设备设施需要更新改造、常开常新，自然博物馆新馆建设在即，土建待开工，展项待策划、设计和制作，展品待征集；加之科技馆当时三年无党委书记，许多工作须补课和理顺，许多问题须化解和突破，因此说是十分关键且特殊的时期。

问：在这一关键时期，上海科技馆面临着哪些关键的问题呢？

毛啸岳：上海科技馆已进入发展成熟期，最关键的问题是如何结合好新时期上海的发展特点，持续发挥好科普展教的成果，特别是需在一流硬件的基础上，建设与之相适应的一流干部、员工队伍，尤其是专业人才队伍；一流服务、运行管理的机制，需要在着力突破重点的同时，注意把握"系统完善、整体提高、建立机制、形成体系"这4个要点，这就需要在全盘工作中去思考问题，发现问题和解决问题，统筹兼顾地谋划、安排并协调工作，在系统化完善和提升方面下功夫。

问：您认为上海科技馆的成功对于上海乃至中国有什么意义呢？

毛啸岳：上海科技馆因改革开放而生，因浦东发展而兴。跟随着上海和浦东发展的时代脉搏，上海科技馆人牢记使命，敢于创新、勇立潮头，实现了"建设一个馆、培养一批人、引领一个行业"的初心；创造性地建设了"主题馆"的场馆策划建设模式，引领行业二十载；建立了互动体验、展教融合、线上线下、馆内馆外多元一体的科普展教的新形态，始终走在行业最前列；创建了国家5A景区，创立科普旅游新业态；连续多年跻身世界最受欢迎十大博物馆之列，在世界博物馆行业发出了中国声音；同时，上海科技馆还多次荣膺全国文明单位等多项荣誉称号。所以我认为上海科技馆在20年的运行中，已成为展示中国特色社会主义优势的一个重要窗口，不仅是上海的名片，也是中国的名片、中国的形象。

问：您在科技馆开展党建工作的重点是什么？

毛啸岳：作为党委书记的主要工作，总的来说是以党建引领，具体讲是把方向、抓班子、强队伍、正风气、定规矩。

上海科技馆当时有党员176名，其中离退休党员68人，共计10个党支部，在职员工389人，其中35岁以下的人员占48.7%，本科以上学历的人员占46.6%；加上志愿者、实习生和物业等协作后勤服务人员，同一个屋檐下日常工作人员近千人，这既是我们党建工作的对象，又是党的群众工作对象。上海科技馆日均接待观众近万人，是本市年接待量最多的开放场馆、最重要的科普教育阵地、爱国主义教育基地；日常工作不仅要维护运行好常设展，还要策划举办好适应新科技发展和政治性需要的各类临展，以及面向各区县流动科技馆的巡展，同时还要组织举办两个月一次的高层次人员参加的上海科普大讲坛、每周周末面向观众的科学小讲台。"热情服务观众，提升公众科学素养"是馆党建工作必须紧紧围绕的中心工作和服务的大局。

2008年航天科技展（前排左一毛啸岳）

上海科技馆在连续运行七年后，已进入展品展项、设备设施更新改造和提升完善的阶段，加上自然博物馆的开工建设，每年的建设资金投入量高达几个亿，更新改造的资金有上千万。"工程优质，干部优秀"的"双优"目标，以及对外展现优良党风、行风和员工文明形象，是我们党风廉政建设的重点。

建章立制，廉洁自律

问：您开展党建和党风廉政建设工作的具体措施有哪些？

毛啸岳：重点是加强馆领导班子自身建设，努力形成班子合力。

首先是完善党委工作制度。我们依据党章和有关文件规定，制定了"两个规则""两个意见"和"一个承诺"。《馆党委工作规则》明确了党委抓什么的问题；《馆党委议事决策规则》明确了议事决策的程序问题；《馆党委关于实施"三重一大"制度的具体意见》明确了什么重大事项需党委研究决策的问题；《关于加强党委领导班子自身建设的若干意见》明确了建设一个什么样的党委班子的问题；《馆党委领导班子成员加强自身建设九条承诺》明确了对领导班子成员约法三章的问题，使党委工作有章可循，领导班子成员可按规矩办事，为科学议事决策提供了制度保证。

建立和形成党政领导班子日常工作运行机制也是党建工作的重点。一个基层单位的党政领导班子，应是干事创业的共同体，职责的分工不是权力的分配。我们按照党政工作"一盘棋、一张皮、同唱一台戏"的要求,从2009年开始,实行全年一套工作要点,一个工作计划安排。在组织机构设置调整中,重点是去行政机关化,将党办与馆办合并成立一个办公室,统一实行办文办会、协调督查和后勤服务,具体工作按部门职能办,党务工作由党群工作处具体负责,较好地解决了"一个单位,两套工作系统"的问题。

还有就是增强班子合力和解决自身问题的能力。一个单位的发展"不怕慢、只怕站、最怕乱",只要班子不内耗、不折腾,平平稳稳也能发展。为促进班子合力,我们在加强党性教育、增强大局意识,强调"个性服从党性,事业高于一切"和执行民主集中制原则的同时,要求党委会研究工作做到"三个不上会"和"四个不",即"党政主要领导没有通气过的事项不上会,重要事项领导班子成员会前没有协商过的不上会,议题没有具体方案的不上会"和"讨论不争论,审议不评议,议事不议人,畅述不包说"。为解决工作讨论与学术争论相混

上海科技馆纪念中国共产党建党八十九周年大会(右四毛啸岳)

淆的问题，我们专门设立两周一次的"学术沙龙"，创办三月一期的馆刊，作为发表学术观点和论文的平台。我们对各位成员提出须解决的具体问题，要求每位班子成员互相交心、沟通思想，开展深刻的自我批评，消除了领导班子的思想隔阂，我们还千方百计增强班子依靠自身力量解决自身问题的能力，决不让班子任何成员掉队落伍，这些做法对特殊时期的馆领导班子建设而言，确实是一大进步。

此外，我们加强了廉洁自律制度的建设。要求党员群众做到的，领导干部首先做到，坚持从身边具体小事做起，带头执行馆员工十二条行为准则，坚持在节假日、黄金周等关键时刻深入一线工作，在一线解决实际问题。我们执行廉洁自律的有关规定，主动清理了原来的一些特殊待遇，取消了领导干部的公费消费配额和年终"红包"分配；实行公务用车管理制度改革，收回了处级干部的配车，上班时间馆领导公务车辆由后勤部门统一调用，提高了公务车辆的使用效率；压缩了出国考察人员数量和经费；建立了公务接待制度，由办公室统筹管理招待费，大幅度压缩了公务开支。我们还建立了招标采购办，统一管理招标采购事项；并将临展、票务、出版物、空间资源利用等纳入科技馆统一管理范畴；与静安区检察院开展自然博物新馆工程建设"双优"共建活动。我们还完善和制定了一系列可操作、可实施的工作制度，加大了办事公开的透明度，主动接受群众和社会的监督，进一步树立了领导干部的良好形象，增强了班子的凝聚力、感召力，使员工心中有了主心骨；领导核心作用得到了发挥，使全馆上下看到了希望，树立了信心。

人才培养，人文关怀

问：上海科技馆是如何把员工紧紧拧成一股绳的？

毛啸岳：我们不断推出空缺岗位竞聘、中层干部重新竞聘上岗、干部交流轮岗、年轻干部到艰苦岗位挂职锻炼、优秀员工公开选拔到国内外培训、展品效果提升方案的公开征集、项目负责制的竞聘等举措，以及制定了专业技术职称评聘方案，为各类人才脱颖而出、能力展示搭建了平台，激活了干部员工奋发努力的进取精神。

问：您可以详细讲一讲科技馆对员工的"人文关怀"吗？

毛啸岳：说到底，就是办实事。我们坚持"以人为本"原则，建立了沟通协调机制、福利待遇机制、员工激励机制、利益共享机制和群体活动机制等五项体现人文关怀的机制。通过改造员工餐厅，提高饭菜质量，让员工一天中最好的一餐饭在馆食堂吃；从实际出发调整冬季下班时间，结合大设备维修维护，大年三十前三天实行闭馆，让员工安心在家吃年夜饭；自办洗衣房，一周两次为员工洗熨工作服，既减轻员工回家洗衣负担，又更好展示一线服务形象；落实 546 名新老员工多年强烈要求解决的住房解困补贴；增加体检项目提高体检标准、改进劳保津贴发放方式。做一些实事如新建"员工活动之家"、举办员工运动会等，切实服务于群众的衣、食、住、行和文体娱乐生活等切身利益。

倾听民意，问计于民

问：您是采取了哪些措施去和民众密切联系、倾听民众声音的？

毛啸岳：在党建工作中，我们十分注重党员在党内的主体地位和员工在馆内的主体地位。积极推进党务公开和馆务公开，坚持密切联系群众。在日常工作中，坚持重大问题与党员、干部群众商量，充分发动大家群策群力、献计献策，畅通党员群众表达意见和建议的渠道。

我们通过公开征询方案，与机构改革同步合理调整了党支部的设置，形成6个在职党支部；以党员"公推直选"的方式配备了党支部书记，配齐了支委班子，建立了党小组；我们大胆采用党员推荐、公示、票决的手段改进新党员发展方式，成功举行了建馆以来的

中国共产党上海科技馆第一次代表大会（左五毛啸岳）

第一次党代会，实现两委班子的顺利换届，党代表由全体党员直接选举产生，党委委员和纪委委员候选人建议人选由全体党员经过两上两下公开推选，两委班子由党代表票决产生，使党章关于基层党委按时换届的规定得以执行，党员的民主选举权利得以尊重和落实。同时，我们按时对职代会和工、青、妇等群团组织进行换届改选，采用"公推直选"的方式产生团委和妇委班子；职代会主席团成员从以领导为主转变为以员工代表为主，还权于民。

问：您在上海科技馆期间实施了哪些改革举措？

毛啸岳：我们实施了组织机构的深化改革，进一步明确了部门职责和功能，明晰了部门间的相互关系，为上海科技馆的转型发展搭建了科学合理的组织管理构架；此外，全面实行了中层干部双向选择、重新竞聘上岗，使处级干部的工作责任心、积极性和创造性得到进一步的调动，有效解决了当时中层干部断层的问题。

不辱使命，永立潮头

问：您对上海科技馆未来的发展有什么建议或者想法？

毛啸岳：20年前，科学开始以平易近人、生动活泼的形象走近公众；今日，上海科技馆已经成为千万公众亲近科学、认识科学、喜爱科学的殿堂。如何立足展区主体、科普教育主业，持续提升美誉度和影响力，是摆在上海科技馆人面前的重要课题。

上海科技馆十分重视在工程建设中历练干部、培养人才，在岗位上培养干部，培育人才，实现了工程项目成就干部、人才，干部、人才成就工程项目的良性循环。三馆形成后，要一以贯之地重视干部和人才队伍的建设，为上海科技馆的持续发展注入动力和力量。

科普传播的方式很重要，比如说上海天文馆有些展项比较深奥难懂，能不能采取一些新的形式、新的方法，让天文科普更接地气？学科的研究方面也要赶上。科普知识的传播、普及，背后应该有大量的科研成果支撑，这才是根本的生命力。

习近平总书记说，在新一轮科技革命和产业变革大势中，科技创新作为提高社会生产力、提升国际竞争力、增强综合国力、保障国家安全的战略支撑，必须摆在国家发展全局的核心位置。上海科技馆传播普及科技文明成果，提升全民科学素质，为助力实施创新驱动发展战略具有重要意义。在新的形势下，上海科技馆更要不辱使命、敢于担当、继续开拓创新，进一步让科普展教为人民生活更美好和实现第二个百年目标做出新贡献。

整理人：魏之然　欧柯男

用创新掀开博物馆的屋顶

口述人：王小明

王小明，1963年3月生。汉族，籍贯四川阆中。中共党员，博士，二级教授，研究方向为种群生物学和生态学、科学文化传播及博物馆管理。现任上海科技馆馆长、博士生导师、中国自然科学博物馆学会副理事长，曾任中国动物学会副理事长、华东师范大学副校长、上海市动物学会理事长等。主持完成50余项国内外研究项目，发表百余篇论文，15本专（编）著作，并主持研发了以《中国珍稀物种》为代表的系列科普纪录片、四维数码动感科普电影等。荣获全国创新争先奖、中国科技新闻学会2018年科技传播奖优秀个人奖、中国

自然科学博物馆协会"十佳馆长"、法兰西共和国国家功绩骑士勋章等殊荣。2008年任馆长至今，上海科技馆的全球影响力得到有力提升，多次入选"全球最受欢迎的20家博物馆"，最高位列第6名。

问：王馆长，您好！您在来上海科技馆之前的经历对您在科技馆的工作有何帮助？

王小明：我之前在巴黎自然博物馆工作过，对博物馆有较好的认知。1990年我回国后从事生物多样性研究，走过全国许多地区，研究对象主要是濒危物种，曾在媒体及科普刊物上发表文章帮助公众理解和保护动物。科研经历能够帮助我更好地意识到公众科学教育的重要性，并帮助我与科学家充分沟通，将科研成果转化给大众。后来，我到华东师范大学工作，学校的定位和氛围加深了我对教育的理解——教育能唤起人内心的想法和欲望，投入到自己热爱的事情中。这些都帮助了我构建从学科教育到大众教育的思考。

2008年10月，我接受组织的委派到上海科技馆工作。之前的工作经历让我能用科学家的眼睛去看教育、科学、艺术和文化的融合，也让我明确科研成果要用老百姓听得懂的语言、看得懂的方式表达，让科学变得流行、变得可爱。尤其在上海自然博物馆筹建以及上海天文馆立项过程中，为我提供了一种新的思维和角度去促成一座优秀博物馆的诞生。这些给我最大的感受是，源于热爱、践于教育、敬畏规律、务实求索。

问：您作为专家型馆长，这些年您是如何提升博物馆的研究功能和培养队伍？

王小明：作为博物馆最核心的功能之一，研究对于一座博物馆的内涵式发展有着很重要的意义，我认为科学研究与藏品征集应该形成以国际前沿与行业需求为导向的"三大体系"，即藏品管理维护体系、博物馆特色的研究体系和服务公众的科学成果转化体系。我大力推进博物馆的研究功能建设，包括机构设立、人才队伍培养、国际交流等，带领馆内年轻团队实现了国家自然科学基金零的突破，各类重大科研项目逐年递增，同时促成了全国第一个建在科技馆里的博士后工作站，并注重潜在高端人才挖掘和国际化人才引入。我觉得，人才培养最重要的是要给年轻人平台，同时帮他们打通学术成长的路径，给他们设立一个长远的发展目标，只要不断给他们提供平台，年轻人会成长很快。

问：在领导上海科技馆的过程中，您最大的感受是什么？

王小明：最大的感受是科学研究为"立馆之本"、跨界联动为"立馆之基"、创新发展为"兴馆之根"。场馆发展需要有前瞻的战略眼光和推动工作落地的抓手，但更离不开上级领导的帮助、社会的支持、班子成员的协作和员工的配合。比如，我刚拍科普电影的时候，由于这是行业的首创，新想法尤其要在沟通中不断发展、达成共识、持之以恒、走出创新之路。后来，我们凭借原创科普纪录片《中国珍稀物种》，成为国内首个以科普影视作品荣获国家科技进步奖二等奖的科普场馆，在行业内具有标志性意义。

掀开博物馆屋顶：平台·动态·跨界

问：您希望把上海科技馆建设成什么样子？

王小明：第一，形式上要保持动态更新；第二，内容上要追求专业化和大众化的融合；第三，方式上要跨界融合，增进公众平等参与的热情，从而构建良好的科学文

化社会氛围。

这一切都可以用一个最简单的表述，"掀开博物馆的屋顶"——产生知识和传播知识，通过融合使科技馆植入社会，成为一个让社会各界人士开展沟通、形成共识的平台，从过去大百科全书式的、权威的、自上到下的博物馆，转变为维基百科式的、平等参与的平台。

问：您认为成功的科普活动应该是怎样的？

王小明：第一要主题鲜明、表达方式多样，并履行科普职责。科普活动应该聚焦社会热点，主动回应老百姓的需求。比如，我创办了上海科普大讲坛，围绕社会热点、科技前沿，调动社会力量参与，联动国内外科学家，邀请了包括诺贝尔奖获得者、国内外院士在内的顶尖科学家 400 多名，线上吸引了上千万的观众参与，目前上海科普大讲坛已经成为全国科学传播领域最具影响力、创新力和国际视野的公益科普品牌之一。

第二要参与方式多，能启迪思维。成功的科普活动应该在一种宽松的氛围中进行，能够启迪参与者的科学

王小明（右一）在上海自然博物馆为青少年做科普讲解

王小明（左四）发起成立长三角科普场馆联盟

思想，提供科学思维的训练，帮助参与者理解科学探究的过程，最终达到对科学规律、方法的认知。所以在我们整个上海科技馆的教育活动中，场景设计得非常宽松，从而使参与者自己的思想能够自由地流露出来。比如在进行上海自然博物馆展陈设计时候，我们会发现还存在着没有解决的科学问题。把这些问题以问号的形式展现出来，就能让公众知道科学处在不断发展的过程中。博物馆最好的展陈方式之一，就是让公众自己踏上科学探索之旅。

第三要能够传递科学家精神。比如，我们设计的"遇见@科学家"活动，每个月都会选出一位当月生日的科学家，邀请一些与科学家同天生日的观众来举办活动，让大家觉得科学家是可亲近的、也是值得敬重的人，科学家既能实现他们的坚持与梦想，又能以一种看不见的力量推动社会的发展，提升大家的幸福感。

问：咱们的场馆是如何运作的呢？能不能举一个亮点案例？

王小明：从内部来讲，场馆构建目标明确的收藏体系、场馆教育体系、展览体系、人力资源体系和安全体系，不同体系间高效协作，推动场馆发展。从外部来看，要强调跨界融合与合作，要倡导馆馆、馆校、馆企、馆媒合作，动员社会力量加入场馆建设中。要运用丰富的社会资源和企业创新成果，不断更新场馆，用最新的方式，将最好的成果、最亮的展品展示给大众，使场馆成为创新的策源地。总体来说，我觉得场馆的发展与运行要以国际化、精品化、市场化和社会化发展导向，坚持场馆建设与能力提升并举、品牌培育与社会服务并重。

比如我一直强调科技与艺术融合，经科技部、中央宣传部会同中央网信办、文化和旅游部、国家广播电视总局认定，上海科技馆被授牌为"国家文化和科技融合示范基地"，作为"技术推动科普教育和文化体验的典型示范"后又成功入选单体类十强，并成为全国唯一一家入选的科普场馆。

从引进到输出：创新·故事·影视

问：您在策划电影和纪录片的过程中有什么印象深刻的事情？

王小明：我牵头组织策划了《中国珍稀物种》系列纪录片，传播中国科学家对生物多样性保护的理念，体现人与自然和谐相处的中国文化。我们拍摄动物往往会远离城市，拍摄人员必须跟着动物的节奏来进行，所以非常艰难。记得曾经有个录音师去跟拍岩羊，岩羊爬上石坡，后脚扒拉下一块石头，幸亏录音师戴着帽带式耳机，不然后果不堪设想。

伦敦动物学会曾来信说："我们要用你们大鲵的片子做公益，共同提升对这些物种的保护力度。"迄今，国家地理、Discovery 探索频道、中央电视台都购买过我们的授权和成片。东方航空、港澳航空和国泰航空等公司的飞机上都放了我们的片子。我们先后获得上海市科技进步奖一等奖、国家科技进步奖二等奖、日本野生生物电影节自然教育奖和亚洲大洋洲最佳影片奖、国际3D 电视纪录片类杰出贡献奖、美国国际 3D 电视纪录类杰出贡献奖等国内外 70 多个奖项。

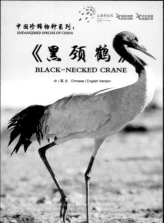

中国珍稀物种系列：
ENDANGERED SPECIES OF CHINA

《黑颈鹤》
BLACK-NECKED CRANE

中/英文 Chinese / English Version

震旦鸦雀
REED PARROTBLL

中/英文 Chinese/English Version

上海科普教育发展基金会 资助拍摄
Funded by Shanghai Science Education Development Foundation

上海科技馆 上海广播电视台纪实频道 联合出品
Co-Produced by Shanghai Science & Technology Museum and Documentary Channel of Shanghai Broadcast and Television Station

中国珍稀物种系列：
ENDANGERED SPECIES OF CHINA

《藏狐》
TIBETAN FOX

中/英文 Chinese / English Version

扬子鳄
CHINESE ALLIGATOR

出品：上海科技馆/上海广播电视台纪实频道/联合出品
Co-Produced by Shanghai Science & Technology Museum and Documentary Channel of Shanghai Broadcast and Television Station

Special thanks to
Science and Technology Commission of Shanghai Municipality
Shanghai Science Education Development Foundation
China Association for Science and Technology
for financial support.

2014年5月 May 2011

淞江鲈

《岩羊》
BLUE SHEEP

中/英文 Chinese / English Version

中国珍稀物种系列：
ENDANGERED SPECIES OF CHINA

《长江江豚》
FINLESS PORPOISE

中/英文 Chinese / English Version

中国珍稀物种系列：
ENDANGERED SPECIES OF CHINA

《中国大鲵》
CHINESE GIANT SALAMANDER

中/英文 Chinese / English Version

出品：上海科技馆/上海广播电视台纪实频道/联合系列
Co-Produced by Shanghai Science & Technology Museum and Documentary Channel of Shanghai Broadcast and Television Station
SPONSORED: SCIENCE AND TECHNOLOGY COMMISSION OF SHANGHAI MUNICIPALITY
SHANGHAI SCIENCE EDUCATION DEVELOPMENT FOUNDATION

金丝猴

《中国珍稀物种》系列纪录片获国家科技进步奖二等奖

问：上海科技馆会一直随着科技发展更新展区内展品吗？

王小明：前沿的科技成果一直是我们的追求，我们会不断用最新科技成果来提升展陈的方式、内涵和品质。比如，在上海自然博物馆的展陈设计中，运用 AR 技术，马门溪龙就从骨架变成了活生生的恐龙，回到了老自然博物馆，然后再告诉观众，"这里不是我的家，我的家在自然界，我要回到那里去"，这样就巧妙地传达了保护环境的重要性。

结合当下互联网、大数据等技术，我们希望运用互联网思维构建一个永不闭馆的科技馆，让上海科技馆不断更新，与公众展开有效互动，吸引越来越多的人参与其中，共享科技为我们带来的快乐。比如，我们与上海文化广播影视集团有限公司（SMG）合作创办的指尖博物馆，通过新媒体的力量，不断拓展博物馆的内容板块，增强科学文化的传播力。

当然新技术的发展，也给博物馆未来的发展带来了巨大的挑战。这涉及如何将新技术和所需要的内容结合到一起，把现场的设计场景、应用和体验感、沉浸感做得更实在，来体现场馆的时代感，这是整个行业都需要面对的命题。

问：我们了解到上海科技馆除了一些常设展之外还会有一些临展，可以选几个您印象最深刻的临展给我们讲讲吗？

王小明：临展是博物馆教育活动的重要方式之一，所以在临展设计中，我们更要体现当今科技发展与文化的有效结合，突出历史感和现代感的融合。

比如，新冠病毒刚暴发时，我们就开始准备做一个病毒展，当时是从三个维度来做的，第一，地球史和病毒史之间的关系；第二，科技越发达，战胜病毒的时间越短；第三，从艺术、哲学的角度来谈每一次病毒结束后给人类带来的思考。从多视角回答了我们对新冠病毒的科学认识，这个展也得到了社会广泛的认同。同时，在疫情期间，我们线上线下互动，牵头联合全国130多家单位，包括科普场馆、保护区、高校等社会各界开展新冠病毒性肺炎科普知识线上有奖竞答。

比如，"如何复活一只恐龙"展，用跨界的方式、应用新技术，把有关恐龙的众多科学成果逼真动态地展现出来，首次实现了从场馆到商场的巡展，展出多达十余次。

我们每年办原创生肖展，既要突出生物学特征，又要展示中国文化。特别是2010年的虎年生肖展。我们用虎的力量、虎的全球分布、虎奔跑的方式等形象地将虎在中国乃至全世界文化中的地位较为全面表达出来，展览在结束后就被引进到泰国巡展。此后，我

首届"一带一路"科普场馆国际发展研讨会专业参观合影（第一排左七王小明）

王小明（左一）出席在上海自然博物馆召开的《自然》杂志全球科研峰会

们的展览"星空之境""青出于蓝——青花瓷的起源、发展与交流""玉成其美——中国民族文化与矿物珍宝特展"和4D影片《熊猫滚滚》等相继走进"一带一路"沿线国家。

问：上海科技馆的建成有借鉴国际先进经验吗？上海科技馆和全球各方有展开合作吗？

王小明：上海科技馆三馆的建成都借鉴了国际先进经验，在建筑设计、展陈方式方面都有国际团队的参加，充分反映了上海科技馆建设中的全球化视野，使科技馆三个馆站在国际水准的起点上，同时引领行业发展。近十余年来，我们和全球同行都有实质性的合作。如我们与德国曼哈姆科技馆、泰国科技馆等都有人员培训交流。其次我们的树袋熊、百年飞蛾标本和各种鱼类标本都来自全球各种机构，同时我们与 IBM 公司、巴斯夫公司、欧莱雅公司等全球 500 强企业，法国、俄罗斯、捷克、墨西哥、巴西等国的大学都进行过科研合作。

问：您认为上海科技馆在国际上处于一个什么样的水平？相较于其他的国际优秀科技馆，您认为上海科技馆还有哪些地方需要改进？

王小明：在全球主题娱乐行业权威机构 AECOM&TEA 的报告中，我们曾经位列全球最受欢迎的 20 家博物馆第 6 名；还有其他机构把上海科技馆列为全球十大著名科技馆之一。根据社会需求和行业标准，我认为上海科技馆还有以下几个方面需要改进：第一，收藏是基础，我们要扩大三馆的收藏数量和种类；第二，要进一步提升数字化博物馆的建设，体现孪生科技馆的特点，提高场馆教育与服务的能级；第三，要引入更多高端人才进入博士后工作站工作，加强研究型博物馆的建设；第四，要进一步提高"三馆合一"的运行效果，聚焦高品质展览的输出，提升科学传播力。

从一馆到三馆：一流·集群·多样

问：从建馆到今天"三馆合一"，我们经历了一个怎样的过程？希望达成怎样的效果呢？

王小明：三个馆的关系，实际上就是昨天、今天、明天。自然博物馆是"昨天"，科技馆是"今天"，天文馆就是"明天"。"三馆合一"的理念在建馆初期就已经确定并实施了，随时空推移，从一个屋檐下的"三馆合一"变为了黄浦江"两岸三馆"的格局。正是时空变化，让我们在展陈方式上，形成了从主题式到开放式、再到沉浸式的变化。自然博物馆用进化的脉络、开放的方式还原逼真的自然，采用最大化的场景设计，让大家都有质疑的空间；科技馆采用互动的形式，多主题展示某一领域的研究成果；天文馆是处在现代的技术环境中，把传统的天文学和现在的宇宙学、航空航天知识融合在一起，让大家在沉浸的场景中理解天文知识，颠覆过去的认识。

"三馆合一"实际上就是一种大科普格局，能够更好地把科技、自然和社会连接在一起，从更大的视角去理解全球发展过程中面临的重大科学或社会问题。未来，我们希望上海科技馆以科学中心和科学博物馆融合的理念提升展览吸引力、科学传播力、创新驱动力、技术渗透力、持续发展力，促进场馆高质量发展。

整理人：乔博　段欣彤

常开常新的奋进之路

口述人：钱之广

钱之广，1953年12月生。汉族，籍贯浙江宁波。中共党员，副研究员。1971年10月参加工作，1976年至上海自然博物馆从事地衣植物研究工作，1996年被调任至上海科技馆进行筹备、建设与运行工作，他对科技馆的建设和运行具有独到的经验，科技馆建成后任上海科技馆党  委副书记。2009年借调上海世博局，任上海世博会中国馆常务副馆长，负责中国馆的筹备、建设与运行工作，因工作成绩突出被评为上海世博会先进个人。2012年8月起任上海市科学技术协会党组成员、巡视员。在科技馆任职期间，秉承创新和产学研合一的理念，用大局观与判断力实现了上海科技馆的"从无到有"，创造出有别于传统科技馆的另一模式，为世界科技馆建设提供了上海经验。

创新为轴："三步走"实现从无到有

问：钱书记，您好！上海科技馆是如何建设起来的？

钱之广：我 1996 年参与上海科技馆的筹建，当时项目已经立项，但资金尚未到位。在这种情况下，给出一个效果佳、可行性强的蓝图规划就更加重要。我的首要工作就是编写蓝图性质的建设方案。在市科委的主持下，从相关单位抽调了 6 个人，在金山找了个地方集中讨论，我们用两三个月的时间编写了上海科技馆建设的总体方案，具体包括科技馆"国内第一、世界一流"的定位、每年接待 200 万～300 万人次的规模以及其他建设目标等。现在回头看，当初定下的目标基本达到。在这一阶段我还完成了建筑方案的国际招标。

第二阶段是建设阶段。1998 年起，在完全没经验的情况下，我们花了 1000 天的时间建成了 10 万平方米的建筑，包括规划中的一期 6 个展区、3 个影院及 APEC

建设中的上海科技馆工程

评审专家观看上海自然博物馆展示整体规划白模型（右三钱之广）

会场等。"零经验、1000 天、10 万平方米"哪怕放在现在也很难，在当时更是不易。

第三阶段是上海科技馆的日常运行。大约持续了 10 年，一直到我接到指令前往世博园负责中国馆建设。

问：上海科技馆的成功之道是什么？

钱之广：我认为是"创新"，即"耳目一新"与"常开常新"。

建造初始，世界范围内的科技馆大致分为陈列式与科学中心两种。以英国科学博物馆为代表的陈列式博物馆，展品主要是工业革命中具有代表意义的产物，如第一台蒸汽机等。以美国加州科学博物馆为代表的科学中心，则把重点放在科学原理与知识点上，改变了传统陈列、静态的方式，用参与互动的方法解释科学原理。面对这两种，我们最初也争论了很久。最后大胆提出，上海科技馆要走一条全新的路，建造主题式的科技馆，即 STS——Science、Technology、Society，代表科学、技术与社会。

我们提出了"自然、人、科技"的主题词，又拟定了三条标准：一是展品展项是否符合科学原理，主题是否明确；二是能否营造身临其境的环境，引起观众兴趣；三是能否吸引观众反复来参观。这三条标准既是指引又是底线，始终指导着上海科技馆的建设与运营。

这三条标准的实施过程并不顺利，仅仅一个实施方案就集结了学界与业界的智慧。我们要的东西在这之前无人实现，因此必须从源头开始创新。为此集结了包括复旦大学、上海交通大学在内的 8 所高校和研究所的骨干，两个单位为一组，最终形成了四组整体方案，以此为基础进行挑选与完善。

在建设中，我们的工作状态是"白加黑、五加二"，也没有周末的概念。这里讲个小故事，我当时回家需要穿过一个24小时营业的超市，有一天营业员颇为诧异地问我，你到底是做什么工作的？看你有时十一二点回来，有时凌晨两三点回来。还有人下班回去时铁门都关了，需要爬进去。在大家的齐心协力下，实施方案最终出炉，并在实施过程中不断改进、优化，把上海科技馆一步步推进。上海科技馆建成后让人耳目一新，来参观的人都感叹，原来科技馆可以做成这样。

而后在近十年的运行时间里，我始终在思考如何保持上海科技馆的"常开常新"。比如，我们引进ISO管理体系，建立标准化的行为规范，保证在近千名工作人员中，观众接触到的任意一位工作人员都可以提供同样优质的服务，带来同等的体验。同时，使上海科技馆成为全国第一个场馆类的5A级旅游景区。

兴趣为要："三方式"促进常开常新

问：请您谈一谈上海科技馆应该怎样做好科普？

钱之广：我们讲科普有四个层面，普及科学知识、倡导科学方法、传播科学思想、弘扬科学精神。大部分人把注意力放在第一个层面，选择使用不同表现形式去反映一个现象和知识。我们认为，应该更加关注后面三个层面。在科学现象与知识点背后有更多的故事与过程可以呈现。比如介绍镭的概念，居里夫人发明的过程中有过什么故事，可能更吸引人。科技馆应该把"引起兴趣"

而非"传授知识"作为要义。科技馆的内容和展品展项不能见物不见人。除了表现科学技术的现象和原理外，更要重视全面提高公众的科学素质。科技的进步和发展离不开人，在表现科技内容的同时，应该充分反映科学家的科学方法、思想和精神。把人的作用和科技发展史贯穿于展示的整体中。从这一意义上讲，科技馆的展示应该集科学、技术、艺术和人文于一体。这可以让科技馆不再囿于独立理论，突破学科限制，在更高的层次与深度上彰显人文精神与关怀。

具体到如何才能实现"常开常新"？我们总结出常设展是科普活动的核心载体，影院、活动与临展则是实现"常开常新"的拓展手段。

首先是展厅展示创新。我们曾经设立过"每年达到5% ~ 10%的更新率"的目标，目的是为了摆脱"损坏–维修"的机械式运维模式，能够在日新月异的科技发展中与时代同频，让展厅中的展品不落伍。我觉得这个目

钱之广在上海科技馆蜘蛛展

国内首家 IMAX 电影院落户上海科技馆

标对上海科技馆来说不难实现。更好的创新不能纯粹依靠社会外界力量，应该来源头上的自我更新。当年我们也参照旧金山科技馆的做法组建了研究设计院，自主研发新的展品，然后对老师与同学进行培训，完成自我造血。如何判定展品是否需要更新呢？我们有两条标准，第一是考察科学内容是否有最新发展，第二要通过对观众的调查，考察展品的呈现效果。

其次是影片内容创新。影片两三个月就会更新，是实现"常开常新"的选项。我们当初给影院的定位就是世界一流的特效影院，巨幕电影（Image Maximum，IMAX）作为著名公司被列为首选。当时 IMAX 的经营模式与国内公司有很大区别，在与我们合作之前，IMAX 从不出售设备，而是通过租赁设备，以影片分成的方式获得收入。而在当时的外汇政策下，租赁即意味着长期负债，是不可能实现的。但双方都明白这次合作的重要性，首次引进与首次出口都意味着全新的可能。因此，我们的合作方式亟待调整。为了两个影院的各种设备，我们与 IMAX 整整谈了半年。IMAX 后来聘请律师重新改变合同文本、聘请顾问公司打通各方社会关系，传递加速合作的意愿，最终我们以 550 万美元的价格买下了两个影院及配套设备（注：投标价为 790 万美元），并要求 IMAX 提供 15 年的备品配件。上海科技馆成了中国大陆第一个拥有 IMAX 影院的地方。特效影院也不负众望，吸引众多观众慕名前来观影。

再者，活动与临展也是内容创新的拓展手段。好的活动不是凭空而来，而应与博物馆主题密切相关。

现在，互联网的发展也为科普提供了新的方向，借助算法技术主动推送相关信息已经成为商业公司的推广利器，它同样应该为我们所用。还应该注意的是，科普要做到通俗易懂，不能用专业的语言去解释科学的原理。像现在的天文馆，的确具有较大的视觉冲击力，但是部分内容对普通市民而言，语言稍显专业化，理解起来难度较大，这部分内容可以用今后的教育活动来弥补。

一体两翼："产学研"构筑共赢生态

问：请您谈一下对上海科技馆"产学研合一"的理念有何看法？

钱之广：上海科技馆初创时，我们就提出过科技馆一体两翼的概念。一体是指以上海科技馆为主体，两翼是指研发中心和负责运行的管理公司，通过开发文创产品等进行创收，从而反哺科技馆的发展。这本身就体现了产学研的智慧。我们希望，通过上海科技馆的建设，实现共赢。

建成一个馆，培养一批人，形成一个产业。当初参与建设的年轻人，现在也成长为副馆长、副区长等可以独当一面的领导。同时，上海科技馆的建设也带动了一个产业的发展，一批新兴展示公司欣欣向荣，参与过上海科技馆项目的展示公司也在2010年世博会的项目招标中崭露头角。

放眼当下，上海科技馆的发展同样离不开产学研合一。创新不可能只依靠科技馆内部人员实现，他们是组织者而非研发者。我们需要通过研究人员了解学科与行业最前沿的成果，确定展厅的最新内容。同时，展出大型展项前需要评估展出效果，这些实验与调研也需要依赖研究人员的智慧。

问：了解到您曾经从事科研工作，在上海科技馆的工作后又投身于世博会中国馆建设，您认为这三者之间有什么样的关系呢？

钱之广：我在自然博物馆研究的是一种藻菌共生的地衣植物，这是一种生命力很强的植物。虽说研究方向与科技馆建设工作没什么交叉，但在科研工作中培养出的对科学性的追求、严谨与实事求是的风格，都对科技馆的工作带来很大帮助。

这一点的影响也持续体现在世博会中国馆的建设上。2009年3月，我收到了支援世博会中国馆建设与运行的指令，当时距离开馆运行只有一年多的时间，交到我手上的只有一个汇报稿，连方案都没有，任务比当初上海科技馆的建设还要重。我是这个项目的第四任负责人，前三任都因种种原因而离职。顶着这样的压力，在之后两年的时间里，我近乎耗尽全部精力，完成了中国馆的创意、方案规划、组织实施以及日常运行。因为这涉及国家的荣誉，只能向前，不能后退。

回想在世博会中国馆工作的日子，上海科技馆的工作经验带给我最大的帮助就是使我拥有了判断力，包括对整体规划大方向的把握，以及在运行过程中对细节的考量。在项目还没实施的时候，就要能够判断方案实施后能否达到自己的要求，也要考虑到后面的运行情况，用运行来指导、评判方案的可行性。这种判断力并非天生，而是在上海科技馆工作时的经验累积。正因为经历过，所以有能力进行判断。在我看来，归根结底这也不是个人的聪明才智，而是党和人民赋予的学习与实践的机会。

未来已来："常反思"保持领先活力

问：上海科技馆的建设为世界科技馆提供了上海经验，您觉得上海科技馆未来应该如何发展？

钱之广：从最初屈指可数的几家，到目前全国各层次科技馆遍地开花，上海科技馆的建设与运行无疑为全国乃至全球提供了"上海经验"，开辟出陈列式与科学博物馆的另一条路。有环境、有主题，不再是简单的数理化知识点的罗列，而是更大范围地呈现包罗万象、无处不在、日新月异的科技，这种高水准的呈现使上海科技馆成为国内科技馆建设的标准与标杆。

尽管如此，我们仍需要保持反思与警醒。主题式的科技馆依旧在时代中迸发着活力，但要想接续发展、保持领先，上海科技馆必须再创新主题式的阐释方式，并要重新理顺当前三馆之间的关系。

过去由于资金、场地等问题，我们不得不选择同一屋檐下，如今上海科技馆、上海自然博物馆与上海天文馆已经拥有了独立的建筑体。在我看来，"自然、人、科技"这一主题词目前仍然适用。但毋庸置疑的是，各自的定位需要更新。放眼国内，深圳正在规划中的科技馆已经锚定了全新的数字文明，科技馆之间的竞争已是蓄势待发。百舸争流中，要保持领先，就更需要自我更新，科普内容应该更加重视过程的呈现。

未来已来，上海科技馆若想要持续保持领先地位，在我看来就必须做好以下几点：

首先，展示内容必须与科技的最新发展同步。面对层出不穷的新发现、新发明和新技术，要能够及时反映出最新成果，满足公众对科技进展的了解，激发公众的创新意识和能力。其次，要充分应用好新媒体技术与线上线下的互动，更好地表现展品展项的内容、完成内容的延伸与拓展，以及实现智能化、主动式的导览与连接。同时，馆内馆外相结合，开发虚拟科技馆，让更多人更便利地利用科技馆的资源，发挥政府公益性博物馆的社会效益。第三，要把全面提高公众的综合科学素养作为上海科技馆的使命。第四，要让创新率、更新率作为上

海科技馆的重要指标之一。第五，重视研发团队建议。科技馆的展品展项太小众，难以用市场化的方式解决。因此，要保持科技馆的不断创新，一支有创意、懂技术、善研究的专业队伍是必不可少的。上海科技馆必须找准定位，不断创新，为上海科普事业做出更大的贡献。

整理人：刘惠宇

"一号员工"的创业岁月

口述人：杨启祥

杨启祥，1954 年 9 月生。汉族，籍贯浙江慈溪。中共党员，高级经济师。曾任上钢三厂车间团总支书记、厂团委副书记，共青团上海市委青工部工业科科长、副部长、部长、团市委常委，上海大世界游乐中心党委书记、总经理，上海市青年宫主任，大世界集团公司董事长兼总经理，大世界基尼斯活动创始人。1997 年任上海科技城有限公司法人代表、执行董事、总经理，筹建上海科技馆，2001 年任上海科技馆副馆长。2002 年任上海市人民政府侨务办公室副主任。2008 年任上海文化广播影视集团副总裁，2014 年任副董事长。荣获上海市新长征突击手称号，共青团中央、文化和旅游部全国优秀青少年宫工作者称号。

问：杨馆长，您好！参与上海科技馆筹建前您曾担任大世界集团公司的董事长兼总经理，您觉得大世界和上海科技馆有什么共通之处？

杨启祥：我印象很深的是，1997 年 1 月 5 日上午，我受命前往市政府副市长左焕琛的办公室，左市长热情又慎重地对我说："组织上决定任命你为上海科技城有限公司法人代表、执行董事、总经理，负责科技城的建设工作。"她对我提出了一系列的要求和希望，组织重托、领导信任，责任难却。当时上海科技馆在建项目还叫上海科技城。上海科技城规划地块管辖在浦东新区，项目建设资金由市财政提供，涉及诸多单位，对项目建设的协调性要求非常高。

问：上海科技馆的初创团队是怎样的？

杨启祥：作为科技城公司的"一号员工"，我一边成立公司、工商注册登记、刻制印章、落实办公地点，一边选聘公司办公室、人事部和财务部负责人，搭建工作班子。刚来没多久，就遭遇当头一棒，我诚恳地邀请原科技城筹建处的全套班子人马加入公司，但最终没有一个人来。之前由于种种原因，筹建了七八年，科技城项目尚未真正启动，大家对这个项目有点犹豫。

我只能到处去招人，先是找了曾在一个大厂任销售公司总经理的郑弘瑜做办公室主任，后来他成为上海科技馆的经营公司总经理，负责科技馆的经营。又从市人事局（编制办公室）找来杨国庆做人事部经理，他那时候是编办的干部，到公司就变成了合同制的员工，我告诉他："请放心，科技城项目一定会成功。"对上海科技馆的人事编制政策，他下了大功夫，这些好的政策对上海科技馆的发展是非常有帮助的。我还找来了具有工程项目建设财务部经理经验的胡顺敏任公司财务部经理，大家齐心协力一步步干起来了。

　　一位曾经参与过筹建工作属于自博馆事业编制的同志非常认真地问我："你是原单位的董事长兼总经理，真把人事档案工资关系转移到科技城了？"我答："是的。"他说："那好，我也把关系转移过来，咱们一起干。"我鼓励他工作之余去读书，拿到文凭后学费可以报销，后来他完成了本科学业。我们不仅是干项目，而且要培养人，关注每一个人的未来发展。

奋进：一切为了上海科技馆项目

问：上海科技馆的建设规划过程是怎样的？最后的建设规模如何？

杨启祥：上海科技馆的主馆占地面积 100 亩，二号楼占地面积 20 亩。最初定下来只有一块主馆的土地。我认为，作为一个社会性公众活动场所，公共活动空间和工作人员办公在同一处是有很大问题的。这也是我经营大世界

上海科技城建设前定界照

的烦恼，西藏路延安路的大世界是一个典型的"螺蛳壳"，游客走正门，员工走边门，都在同一个建筑里面。一个单位既要有开放性的活动场所，还要有后勤服务的配套设施场地，工作人员在里面跑进跑出肯定会影响开放。

筹建科技馆时我提出再要一块地，二号楼的土地就是后面争取来的。我们到世界各国的科技馆考察，那些成功的科技馆多数都有两块场地。现在的二号楼不仅是上海科技馆员工的办公场所，也是不宜在主场馆容纳的公共服务配套设施场地，可以为教育培训、各类活动等提供场地。

上海科技馆的最初选址在漕溪路田林东路，但那块100亩的土地被一条河一分为二，建馆会有问题。市领导决策把这块地置换掉，换到现在上海科技馆所在的位置，相关的动拆迁、劳动力安置等工作由公司负责。当时，这一地块使用权为200来户农家和3家社办工厂所有，我们就把原地块置换所得款项用来做上海科技馆地块的动拆迁和劳动力安置等工作。

地块确定后，我们请时任市长的徐匡迪同志来现场视察，他欣然答应。当时科技城选址地的地块上全长满

上海科技城建设指挥部

了一人高的茅草，茅草中间不规则地分布了许多个直径十多米的化粪池，没有路可走。我们只能在规划用地边上临时搭了个简易木板平台请徐市长登上平台察看，员工们穿着套鞋，沿着用地四边，站在湿滑泥泞的地面上手持小红旗，旗杆举过头顶，在茅草丛中圈划标识出了用地范围。我一边向徐市长介绍地块情况，一边说明希望能再增加一块附属用地的建议与理由。徐市长当即赞同，并请市规划部门予以研究，请浦东新区领导协调解决。

当时我们申请增加一块土地，内部有些同志还有些担忧，认为市里已经给了我们这么大的地块，向市领导伸手再要不太合适。但我觉得应该从上海科技馆建设的全局性、高标准出发，只要对项目有利，能多争取一点是一点，尽力了哪怕办不到今后也不会后悔。

问：您觉得筹建期最困难的是哪方面？

杨启祥：人才、资金、技术是三大挑战。为了回应当时的诸多怀疑，我只希望项目尽快启动、步入正轨。那时我们根本没有休息日，没有白天黑夜，必须做到今日事今日毕。最开始我们连办公场所也没有，老自博馆的领导大力帮忙，在自身办公场地很紧张的情况下，腾出一间场所作为公司的临时办公场地。随着人员增多，我们就在杨高南路 501 号租房办公，当科技馆土地动迁完成后，我们就在工地现场搭建了铁皮房用作办公。

除此之外，要保证上海科技馆的科学性，还需要一批真正懂行的人，确保专家委员会讲的话、拿出来的意见能被真正理解，项目实施和经营管理才不会走样，于是我们通过社会招聘招了一批硕士、博士等专业人士。

建设：要做中国第一、世界一流

问：您考察过国内外很多科技馆，有什么您印象最深的，或是对我们影响最大的场馆？您觉得中外科技馆在建设方面有什么区别？

杨启祥：市领导要求科技城要么不建、要建就建中国第一、世界一流。市领导思想解放，要求我们组织项目考察组走出上海、走出国门去看去学去闯。在考察出发前，筹建班子反复讨论策划，拟定了上海科技馆展示方案的基本故事线，分别为天地馆、生命馆、智慧馆、创造馆、未来馆，即先有天地后有人，人有了智慧才能创造未来。

我们带着初步构想的故事线，手上拿着相机、录像机开始了国内外的精心考察。国内考察去了北京和天津，那时候国内一流的就是中国科技馆。随后又去了被誉为世界科技馆鼻祖的美国旧金山科技馆以及法国、英国、德国、荷兰等国的著名科技馆、博物馆，一圈下来，心中有底了，我们希望把世界各国科技馆最好的内容整合进上海科技馆的项目。给我印象最深的是荷兰的阿姆斯特丹科技馆，它建在港湾边，建筑本身具有很强的象征意义，它就像一艘冲出水面的绿色巨轮，这个建筑造型给了我很大的启发，我们上海科技馆的建筑本身就应是最大的展项，它必须具有高科技含量，同时又让人眼睛一亮。

上海科技馆建筑设计方案的最终选定也是有故事性的。方案设计招标截止期为1997年1月底，当时，中国、法国、日本、德国、意大利等国的20家设计公司均回函表示参加，但没有一家美国公司报名。我们正在纳闷的时候，2月上旬，市科委一位干部打电话给我说，世界排名前列的一家美国设计公司愿意参与，但错过报名回函截止期，问我能不能允许其参与竞标。当时正好还没有发标书，如果标书领完之后再报名就有问题了，我们商量后同意美国公司参与竞标。

按照制定的招投标规则，必须经过多道程序，如领取招标文件并交纳保证金、现场踏勘答疑、提交设计方案、初审复审、专家评审等，最后选出前三名设计方案并阐明理由供市领导决策选定。经过多轮竞标下来，日本、美国、法国公司的方案入围前三名。我们把 1:500 的建筑方案设计模型运到虹桥迎宾馆会议厅，市委领导高度重视，并前来察看、比选，发表见解。三家方案均堪称世界一流，亮点多多，领导当即感慨："各具特色，雾里看花，越看越花。"可见三家单位设计方案水平之高。经过反复比选，多方求证，最后选定了美国 RTKL 公司的方案，也就是现在我们看到的上海科技馆建筑。

关于美国公司的方案，我当时还有些担忧，他们提供的建筑设计模型非常简单，制作成本也最低，球体的部分就用一个玩具塑料球代替。我问他们公司的项目总

上海科技城工程项目管理总承包合同签字仪式（前排左二杨启祥）

设计师:"这个球形建筑确定能成功设计并建造出来吗?"他说:"我们是世界第五大设计事务所,一定能成功设计和建造。"这个建筑很有科技含量,西低东高呈螺旋状上升,象征着科普事业蓬勃向上无限发展,中间巨大的透明玻璃卵型大堂寓意着生命的孕育和宇宙的活力。

1998年,时任美国总统克林顿访问上海期间,和时任上海市市长徐匡迪共同为上海科技城建筑概念设计方案揭牌,这也是中美关系的一个见证。

上海科技馆的成功建设,体制起到了决定性作用。由市领导任组长的科技馆建设领导小组、专家委员会、基金会三大系统作为坚强保证。上海科技馆是一个城市经济社会发展到一定阶段的产物,要和城市的综合实力,以及社会的文化基础、民众的科技素养需求相匹配。

我们在国外考察期间发现,一个科技馆的成功不仅在"建成",更在于不断更新迭代的生命力。科学技术在迅猛快速地发展,科技馆每年至少要更新20%～30%的展项才能跟上时代步伐,否则人们就会失去参观的兴趣。除此之外,科技馆每年运行费用约是项目总投资的10%。上海科技馆投资15亿元,每年约需要1.5亿元的运行费,这是国际上科技馆的通行经验。我们做上海的科技馆经营方案时,就向领导提出了这一建议,最终市领导同意每年批给我们7500万元,加上上海科技馆自身的门票和其他消费服务收入,总体收支情况保证了上海科技馆的良性发展。上海科技馆的建造起点越高,日后管理的要求就越高,对资金的需求量也就越大。

上 | 在建中的上海科技馆

下 | 建成后的上海科技馆

初心：影响一代青少年，带出一支队伍

问：可否简单概括一下您当时建设科技馆的核心理念或定位？

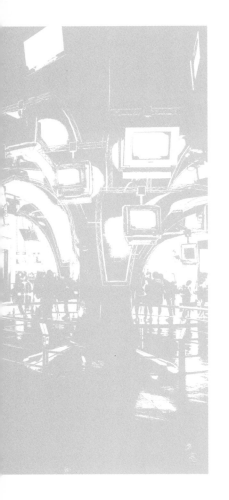

杨启祥：创业成功不易，全面发展更难，创业的起点越高，未来发展的要求也就越高。除了把项目做好，更重要的是设计好的机制，我一直强调"机制改造人，环境塑造人，事业成就人"。既要造好科技馆，影响和培育一代青少年，更要带出一支自己的管理队伍。

我们要和国内外一流的科技馆、一流的高科技公司、顶尖科学家紧密合作，站在世界科技革命发展的前沿，把握科普发展的方向，做好展品展项的迭代研发、制作、展示等工作，做强做大科普产品的产业化市场。不能简单地造一个场所卖卖门票，要搭建一个产业化的发展平台。

我的理念很简单，科技馆的本质姓"科"，终极目标是培育年轻一代。游乐场和科技馆的本质区别在于，游乐场以高科技为手段，最终达到娱乐的目的，从而吸引游客来赚钱。而科技馆恰巧反过来，科技馆要用简单有趣娱乐的方式吸引人们动手、动脑、动心参与活动，最终达到科普目的。

上海科技馆除了日常展馆，还有一个专门的临展馆，用来展出近期的热点科技项目。卫星上天，上海科技馆就可以跟航天局合作展出航天器，第一次载人飞船任务成功后的临展就吸引了很多小朋友前来。临展馆的作用是抓住时代和社会的科技热点，组织相关临展和活动，更具时代性和吸引力。科技馆的门票是有限的，科普产品的市场是无限的，真正的大市场不仅仅是在场馆里，科技馆是一个平台、基地，科普产品完全可以走市场化

之路，一方面提升科技馆自身的盈利能力，另一方面触及更广的社会人群，扩大科技馆的影响力。

问：您觉得科普教育对学生的意义是什么？

杨启祥：科普教育是"第二课堂"，重要的是启迪和引领青少年的人生发展方向。这种影响可能是终身的，他们看了某个展品展项后很感兴趣，悟性顿开，以后就会立志朝这个方向去发展。我始终认为21世纪的科普教育不应仅限于知识的传递，更应注重人的能力和素质的培养，尤其是学习能力和合作精神的培养。要开发年轻一代的人生潜力，挖掘他们的兴趣特长并适时予以引导，使之走上一条终身追求科学的道路。

上海科技馆作为上海的5A级旅游景区之一，其核心竞争力在于对参观者的思想启迪和影响，对他们人生发展方向的引领。建馆初期乃至以后科技馆向全社会招聘了一批高素质人才，依靠高素质人才实施展品展项的持续更新、科普教育的多元开拓。

上海科技馆建馆20周年，正值青年时代，有着旺盛的生命力和蓬勃的朝气。希望上海科技馆有更强的科普号召力、更大的社会影响力，有更深、更广的国内外交流和合作，能够站在国家战略和上海新一轮发展规划的高度，更好地谋划下一步的发展蓝图，为上海国际化大都市建设做出更大的贡献。

整理人：司睿琦

SHANGHAI 上海
NATURAL HISTORY MUSEUM
自然博物馆

我与自然博物馆的"缘分"

口述人：顾建生

顾建生，1952 年 2 月生。汉族，籍贯江苏宜兴。中共党员，高级工程师，原上海科技馆副馆长、上海自然博物馆新馆土建工程负责人。工程建设期间，他引入现代科学的管理方法，提出"安全第一，质量为本，科学施工，效果优先"的工作方针，实现"质量零缺陷，安全零事故，用户零投诉"。先后出版了《绿色博物馆建筑的探索——上海自然博物馆新馆节能技术研究为例》《上海自然博物馆与地铁 13 号线共建工程的建设对策》《上海自然博物馆工程建设与管理》等著作。自然博物馆建筑工程先后获中国建筑工程"鲁班奖"、国家"三星绿色建筑评价标识"、绿色能源与环境设计先锋奖（LEED）金奖、国家建筑工程詹天佑奖等。

与自然博物馆结缘

问：顾馆长，您好！请问您参加上海科技馆工作是因为什么契机呢？

顾建生：2000 年之前，我在上海铁道大学当副校长。2000 年初，我被上海市教委抽调筹建上海市教育基建管理中心并担任主任。同年 4 月，担任松江大学城工程建设指挥部常务副总指挥。待松江大学城大部分建设基本上告一段落后，2003 年，我又从同济大学调到当时正在筹备中的复旦大学上海视觉艺术学院（现为上海视觉艺术学院）担任筹建组副组长，负责新校区建设，建设好以后，担任常务副校长。到了 2006 年，市里新建上海自然博物馆，工程比较复杂，所以我被调到上海科技馆，负责自然博物馆的建设工作。

问：您能介绍一下当初的情形吗？从建设上海科技馆主馆到自然博物馆分馆，经历了一个怎样的过程？

顾建生：老自然博物馆于 1956 年筹建，1981 年由市政府正式命名为上海自然博物馆，坐落在浦西延安东路河南路口，当时是一个正局级单位。2001 年上海科技馆建成开馆后，老自然博物馆原址仍在，但被并入上海科技

推进上海自然博物馆工程建设（右二顾建生）

馆，作为上海科技馆的一部分。后来，上海市政府又决定在静安雕塑公园里划出一块地，占地面积为 12000 平方米，将近 18 亩，新建上海自然博物馆新馆，将赋予更多的城市功能和文化内涵。

以工匠精神筑就科学之巢

问：在建造上海自然博物馆前期，为确保项目顺利开工，您和团队做了哪些工作呢？有哪些印象深刻的事情呢？

顾建生：我负责新建自然博物馆的土建工程建设，是从立项开始做起的。自然博物馆的选址在市中心，占地面积和建筑高度都受到严格限制，落成后的自然博物馆有近四分之三的展区都在地下，而且建筑体还临近学校和居民集聚区，这对于建筑设计、结构工程和施工管理来说，都有重大技术难度。我们设定"质量零缺陷，安全零事故，用户零投诉"的"三零"工程总目标，对建设管理者的压力是巨大的。

我刚调到上海科技馆的时候，自然博物馆的动迁工作已完成大部分。但是在报到的第二天前往工地上考察后，发现地块中央还有中共淞浦特委机关旧址，很有纪念意义，国家有文物保护法，不能轻易动。于是，我们就主动联系当时的上海市文物管理局文物管理处谭玉峰处长协商，他建议我们尽快向国家文物局报批。紧接着我们制定了旧址保护方案，计划将中共淞浦特委机关旧址原封不动地平移 100 米，它的地址信息仍然在山海关路上，并且承诺不破坏建筑外貌，重新改造后正式对外开放。这样既把文物保留下来，又能严格执行国家文物保护法。由于解决方案详细完整，我们的申请最终成功获批。

文物搬走了，问题又接踵而至。上海自然博物馆的建设过程非常复杂，在做初步设计的时候，市里面并没有地铁 13 号线从自然博物馆区段地下通过的计划，当时我们设计的可行性方案本来已经通过审批。但市里多方权衡后，决定将地铁 13 号线调整为从自然博物馆中心位置地下 25 米处穿过，所有的条件都发生了变化，方案又要重新做。

经过反复多次研究和多种方案比选，最终决定采用刚性连接的方案，即地铁的建筑结构和自然博物馆的建筑结构连在一起。那么从结构上来说，地铁建筑结构的顶板就是自然博物馆结构的底板，地铁结构两边的侧墙也要连到自然博物馆的底板上，这样一来，地铁的建筑结构跟自然博物馆的建筑结构就一体化了。

一体化随即又带来了地铁运行引起的振动噪音等一系列问题。地铁在高速运行时的震动和噪音是很大的，处理不好将会严重影响自然博物馆的使用。这是前人很少碰到的问题，因为国内外地铁建设史上很难找到类同的记载，我们国内虽然也有地铁跟建筑物连在一起的案例，那也只是地铁上面为商业中心等，商场对噪音分贝要求不是很高。

针对这个复杂的技术难题，我们向市科委申报课题，组织高校科研专家商量研讨，获得市地铁公司的支持与合作，多方联手充分利用社会优质技术资源来解决这个问题。很快，我们查阅了国际上一些地下结构解决振动噪音的办法，结合时下地铁建设中新技术的应用案例，

上 | 建设中的上海自然博物馆新馆

下 | 建成后的上海自然博物馆新馆

综合方方面面，再通过课题研究，试做实验段，经过反复实地试验和测试效果分析，取得了满意结果，最终把这个问题解决了。后来这个课题的研究成果得到了上海市科学技术成果一等奖。

问：上海自然博物馆的"细胞墙"别具一格，成为城市标志性建筑，建造过程中遇到的最大挑战、困难是什么？

顾建生：设计师结合象征生命细胞结构的理念，设计了"细胞墙"。同时，它也承担着立面的视觉效果和采光的功能需要。因为自然博物馆占地有 1.2 万平方米，总建筑面积为 4.5 万平方米，其中地下面积为 3.3 万平方米，展区近四分之三的空间都在地下，因此需要特别考虑到采光问题，让参观者虽身处地下而又有在地上的感觉。

"细胞墙"结构复杂在哪里呢？它从下到上，都非标准的线形，没有办法确定它到底是由多个圆曲线构成，还是由多个抛物线构成，情况非常复杂。

另外"细胞墙"要做成若干个细胞的形态，还涉及热胀冷缩问题，这跟材料本身的热膨胀系数有关，在具体安装时得根据材料的材质、温度的变化等来测定，又因为结构面非常复杂，有时相差几个毫米，根本就安装

在建的上海自然博物馆新馆

不进去。

那怎么解决呢？首先用大型计算机算出"细胞"的空间坐标，再综合温度变化、安装过程当中自身压力、应力变化、杆构件自重等影响因素开展现场实测，先拼一个实验板块，若拼不上则排查原因，再试拼、再排查……如此反复，直到符合要求，随后其他的点位再参照进行。

问：除此之外，您与高校及行业专家又解决了哪些挑战，从而保证工程施工环境的和谐安全呢？

顾建生：我们首先成立了课题组。地铁部分施工虽然不属于我们的工作范围，但地铁基坑是在"自博工程"大基坑内开挖施工，开挖深度已进入承压水危害的风险区。因为自然博物馆和地铁的建筑结构是一体的，需要共同规避风险。施工过程中为了解决承压水的问题，我们始终与地铁施工单位保持密切联系和建立工程风险共担的工作机制，以及重大风险点应急预案。在基坑周边设置多处检测孔测试地下承压水的压力变化。如果一旦出现事故苗头，马上要采取有效措施，将各类风险问题解决在尚未产生之前，保证施工在安全平稳中有序推进。

上海自然博物馆工程的施工过程管理是一个系统工程，作为管理者，须事先对工程推进过程中将有可能发生的问题进行全面了解和系统分析，专门设立课题研究，提出相应的对策措施，只有这样才能避免各类事故的出现。因为这是市政府为群众办的实事工程，参与其中的每个人都要有担当，各相关单位人员就像是一个命运共同体，我们要尽一切努力把问题都解决在发生之前。以科学务实的态度，踏实的工作精神，保证施工过程在有序安全的环境当中推进。

上海自然博物馆从建设到开馆前后历经9年的时间，除了建造安全问题，还遇到2008年全球金融危机引起的材料涨价，这又增加了控制工程造价等问题的难度，这些问题我们都逐一化解，最终取得了满意的成果。具体做法上，我们坚持宏观上总量控制、微观上标准控制的工作方针，坚持精打细算立计划，分类划块定标准，过程控制抓平衡，满足功能保效果的对策措施。这才好不容易把总投资控制在2009年批准的概算以内，做到投资不超。

问：您认为作为"绿色博物馆"的上海自然博物馆相较于其他国际优秀自然博物馆有哪些亮点和不足？

顾建生：首先，从体量来讲，我们的自然博物馆在国际上能跻身大型自然博物馆的前列；从内容上来讲，它也是内容比较齐全的自然博物馆，"主题制"是上海自然博物馆建设的一大创新。再者，从建筑设计上来讲，自然博物馆建筑本身得到过国际的优秀设计奖。此外，从节能的角度来讲，得到了国际认可的节能建筑认证，也获得国家"三星绿色建筑"评价标识。开馆以后得到了社会的一致好评，应该说新的上海自然博物馆在国内外享有良好的声誉，同时具有一定的技术领先地位。

继往开来，助推城市软实力提升

问：您觉得科普教育在人们的学习生活中是个怎么样的地位？上海科技馆在增强上海的城市软实力方面发挥了什么样的作用？

顾建生：自然界随时间延伸发展的每个阶段，它都会给人们留下痕迹，能够给我们很多启示。此前上海自然博物馆的展陈介绍了这座城市的起源。以徐家汇为例，100多年之前，徐家汇那里是芦苇荡，如何知晓？因为在那个地方发现了一种鸟的遗迹，这种鸟当时栖身在芦苇荡里，被当时的科学家制作标本收藏了。如今一百多年过去了，人们再到徐家汇去，芦苇荡早就不见了，现在是商业繁华的闹市区了，变成大城市的组成部分。但是自然博物馆可以告诉我们的后人，一百多年之前徐家汇这个地方是什么场景，发展到今天又是怎样的情景。告诉人们自然界也随着人类活动在不断变迁，社会也是随自然界的变迁而不断发展繁荣，人与自然要和谐共存、相处，当今的我们应该怎么敬畏自然，这个是科普的重要内容。

上海科技馆和博物馆，对在校学生来说也是对学到的知识结构体系的一种补充，学校里是课本上讲，但是到这儿就变成一个实体模型，而且这个实体模型蕴含了能造福于人类的科学原理，学生在游览时潜移默化中产生对科学的兴趣，进而在兴趣当中再去研究原理，可以加深、巩固学生的知识。举个简单例子，如果我们在科普场馆里设立展陈，告诉学生们为什么要垃圾分类，如湿垃圾可以处理成为肥料，被反复循环利用，干垃圾通过处理还可以废物利用等，把这个道理一讲，孩子们就会知道为什么政府要提倡垃圾分类。孩子们通过参观，就明白了这个道理，他回去肯定会很自觉做好垃圾分类了。所以博物馆与学校教学是相辅相成、相得益彰的。

更进一步讲，博物馆也是培养人综合素质的重要场所。随着社会的不断变迁和发展，自然博物馆也要被赋予新的含义。博物馆也成为社会各界人士集中交流的重要社交场所，这也是培养人的精神素养、道德规范的一个重要空间。

观展时，要把自己置于众多观展人群之中，这样就能培养人们一种良好的涵养。走进博物馆，人们会不由自主地保持一种安静、敬畏的姿态，自觉保持文明的举止。所以说，科技馆既是传播知识的地方，也是培养人综合素质、提升市民文明境界的地方。

特别是上海这种特大型城市，很少有能开展多种形式广泛交往与人员接触的场所，那就需要能覆盖适应社会发展需要的高水平、高质量的博物馆、科技馆。

问：您对上海科技馆的未来发展有什么建议吗？

顾建生：虽然现在的博物馆被赋予一些新的定位，即城市重要旅游景点和市民活动的重要场所，但博物馆本身的传统功能是收藏、研究、展示、教育，它就要更好地发挥这些作用。科技馆的内容不是一成不变的，像上海科技馆建在 20 年之前，现在就要改造了，改造不是复制原来的内容，而是在原来的基础上提炼、提升、完善、补充。

从管理上面来讲，这里既然是市民交往、提升公民科学素养的场地之一，那么它的管理标准会越来越高。同样的一个展品，不同的人来讲解所产生的效果是不一样的。首先，讲解人要具备国际的视野；第二，讲解人要对这一学科有充足的知识积累；第三，讲解人要对展品展项的重要内涵有深刻理解。综合起来以后，他才能够把这个科技的故事讲好。把理论变成展品，把展现效果变成故事，让观众在听故事的过程中接受先进的科学知识，培养自己的综合素养。

整理人：曾庆怡

上海自然博物馆新馆外景

10

用志愿服务点亮科技馆的星空

口述人：杨国庆

杨国庆，1957年9月生。汉族，籍贯江西丰城。中共党员，经济师。1997年9月起参与科技馆建设，曾任组织人事部经理、纪委书记、党委副书记等职位，2017年退休。在科技馆任职的二十年间，长期从事干部人事工作，引进招募科技馆专业技术人才，积极探索用人机制。

他借鉴国内外的成功经验，对科技馆的功能和需求进行了分析，提出了与国际接轨的管理新模式，还引进了志愿者服务这一新机制，搭建了上海科技馆志愿者总队服务平台，使得科技馆得到有序发展，获得了全国文明单位、全国最佳志愿服务组织等国家级荣誉。个人先后荣获上海市重点工程实事立功竞赛优秀组织者、上海市精神文明建设优秀组织者、上海市科技系统优秀党务工作者等荣誉。

从一张白纸开始打造上海科技馆团队

问：杨书记，您好！您还记得当时刚参加上海科技馆工作的想法和期待吗？

杨国庆：1997 年的时候我还在市人事局工作。一个偶然的机会，上海科技城有限公司总经理、原大世界的总经理杨启祥说要筹备上海科技馆，计划建成世界一流的科技馆，是当时市里投资十多个亿的一个重点项目，再三希望我加入，经过考虑并和家人商量后我同意了。

这是市科委立项、市发改委批准的一个重大项目，目标是打造一个世界级的科普场馆，符合当时上海要"建设一流科技馆"的定位。在筹备的初期我们也参考了很多国外的场馆，决定把上海科技馆建成分主题展示科普内容的场馆，增强互动性和参与性，因为如果按国内的以往方式来设计，可能一段时间后游客就会觉得枯燥，没有新意了。

问：上海科技馆像主题乐园一样按主题来展示科普内容，在二十世纪九十年代末是非常前卫的想法，这是当时科技馆领导层的想法还是整个团队一起提出的？

杨国庆：这是我们当时建设团队在借鉴主题公园和世界一流科技馆后提出的，并得到市相关领导批准后实施的。原先我们团队的人员很少，只能依靠每周一次的相关高校和科研院所的专家坐在一起座谈上海科技馆的设计创意。我当时是组织人事部经理，走访了许多学校，包括复旦大学、上海交通大学、同济大学、上海大学等，去招募专业技术人才，有些因为编制问题不愿转过来，就采取借用的方式或顾问的形式为我所用，同时招聘外地优秀的青年博士学者，通过提供青年人才公寓，解决家属就业、子女教育问题等方式来留住这些人才，形成了不同专业的教授、博士、研究生、本科生等多元多层次人才的完整团队。他们为上海科技馆的建设建言献策，如当时上海科技馆主题建设的提出。

问：您在上海科技馆的管理改革上有没有借鉴一些国外的成功经验？

杨国庆：一个是根据场馆布展的不同需求设置不同岗位，当时我们团队参观了法国科技馆和美国NASA航天中心，他们尽可能压缩事业编制人员，能外包的就外包；有的岗位采用人事代理或劳务派遣，管理岗位采取竞聘上岗的办法。另一个就是志愿者活动，也给我们设计志愿者制度带来一些启发。上海科技馆志愿者服务平台，既弘扬了"服务他人，奉献社会"的精神，又为科技馆的人力资源充实了力量。

关爱职工子女

建立志愿者服务制度标杆

问：现在上海科技馆有丰富的志愿者服务，您当时引进志愿者制度的原因是什么呢？

杨国庆：我们在筹备上海科技馆之前就意识到科技馆的人员配置实际上是一个比较困难的事，因为每天的人流量都是不同的。科技馆平日和周末的人流量不同，可能平日里只有一两千人，到了周末就是一两万人，这个差距是很大的。寒暑假的时候，学生放假人流量也会多一些，到五一、国庆、春节的客流量就更多了。如果都是按照平日的人流量平均配置的话，根本没办法满足游客的需求。我们当时也了解了国内的一些场馆，有的尽可能多申请些编制；有的把一部分岗位外包；有的是请季节工，也就是夏天的时候多招一些人，冬天的时候少招一些。但其实这样的安排存在着很大的不稳定性，因为有的人可能冬天回去了就不来了，而且招来的人没办法进行一个非常合理的培训和管理。

所以我们到国外的一些场馆参观时，就着重去考察他们在人员配置上是怎么安排的，后来发现他们除了固定的员工之外，会请一些义工，称为志愿者。我们也对平日的客流量进行一些预估，平时可能安排 50 名左右志愿者，到周末安排 80 名左右的志愿者，黄金周的时候大概安排 120 名。这样就可以从某种意义上解决人力资源的调配问题。而且随着志愿者制度的完善，不仅解决了我们科技馆的人员配置问题，还逐渐建立起了一个志愿者服务体系，当时上海世博会的志愿者还到我们这里进行培训过。

问：您认为上海科技馆的志愿者制度为什么这么成功呢？

杨国庆：主要有三点。首先，我们志愿者工作得到了市文明办、市教卫党委、团市委、市志愿者协会和馆党委的支持，招募渠道正规。第二，我们有完善的志愿者培训制度，每一个招进来的志愿者，都要经过一定时长的培训才能上岗。第三，我们会给志愿者提供相应的福利和表彰制度，会给服务达到一定时长的志愿者提供市文明办等五家单位共同盖章的证书，举行表彰大会，予以表彰和奖励。我们的志愿者制度在国内是比较早的，在这里要感谢当时的领导，时任上海市副市长左焕琛给了我们很大力度的支持，帮我们和文明办沟通。我这边也和文明办、教卫党委等相关部门的处长们互相沟通获得支持。我们在具体操作上得到了上级机关的很大帮助，因为文明办和教卫党委都是市级机关，所以，通过高校党委，我们在高校招募志愿者的流程也更加顺畅。

当时我们的设想就是成立一个科技馆志愿者服务总队，志愿者队伍的成立跟上海科技馆开馆是同一天，就是 2001 年 12 月 18 日。而志愿者服务总队这个组织机构的具体工作是由我们来实施的，也就是由我们科技馆内部来负责培训和管理，所以积累了一定的经验。除了大学生志愿者，我们还在文明办和志愿者协会的帮助下，面向社会招募志愿者，招募的标准是大专学历、中级职称以上、有一定技能的市民。我们当时的志愿者队伍，就是由高校志愿者和市民志愿者结合起来，还有一部分是我们科技馆内部的党员志愿者。

问：那这样整个流程会形成一个非常正规的体系，对吗？

杨国庆：是的，我们还有比较特殊的一点就是培训，而不是说招募进来了就直接上岗，我们有不同层级的培训。市民志愿者相对比较好操作，因为他们大部分是退休的，当然也有在职的。他们服务周期比较长，是利用自己的休息时间到这里来做志愿者，希望在志愿服务的同时也能学到一些新知识，那么我们也对他们进行一些培训。这里涉及培训经费，我们当时有一个基金会，现在叫科普教育发展基金会，会支持我们培训志愿者。面向高校我们主要培训组织者，大学生志愿者通过学校进行招聘。为了调动积极性，我们每年进行表彰，上面不仅有科技馆的章，还会有文明办、教卫党委等机关的章，这样我们的表彰就比较有含金量，学生们都比较看重，所以我们也设计了好看的、很珍贵的红本子。一年中做了 12 天以上的志愿者，我们就发给他们证书。而且我们很规范地对待这件事，志愿者来做了几天我们就严格写几天。具体管理志愿者的工作就是由李笑和同志负责，她非常严谨认真，也很热爱这件事，后来退休了继续乐于做这件事。

问：所以说你们的志愿者制度不但开始得早，还做成了市里的标杆？

杨国庆：在上海市，我们应该说还是做得比较成功的，刚开始也是在探索，后来就是慢慢积累。现在在整个志愿者系统里面，有 4 项获得 100 分。我们自己也很享受做这件事，没有把它当作一项额外任务来完成。就比如有一次培训，我们还请来了左焕琛理事长，给市民志愿者讲课。这些老同志看到曾经担任过上海市副市长的左焕琛理事长，感觉能接触到市领导还是很激动的。左理事长在这方面也倾注了自己大量的心血，她很关心志愿者工作。她常说，我们打造了一个"好人圈子"，所以在一起工作会很开心。从某种意义来讲，我们有付出，且心情舒畅。我们除了一般的表彰，还每年在春节前召开茶话会，让市民志愿者和高校的组织者一起来参加，让大家聚一聚，互相交流。

问：这样的志愿者制度也能给志愿者很大的归属感，对吗？

杨国庆：很多志愿者都很愿意来，很多退休的市民志愿者很乐意参与到上海科技馆的志愿服务当中来。因为我们也很关注工作环境，比如志愿者在岗位上摔跤了或者和游客发生争吵了，我们都会及时处理，有时志愿者生病，我们也会买点水果之类的去看望，比较有人情味。

问：您认为其中最成功的志愿者活动是哪一次？

杨国庆：5周年的时候，我们办了一次庆祝会，办得比较成功，主持人请的是电视台主持人，舞台就在现在的动物世界那里，很多市里的领导都出席了，办得很不错。我们的节目有的是请专业的文艺团体，有的是我们自己编的节目，还有高校的学生中有才艺的也参与表演，电视台也做了报道，大家都很开心能够参与到这当中来。

问：这当中有令您印象深刻的人和事吗？

杨国庆：我印象比较深刻的是，一个曾经作为科技馆志愿者的同志，临终前跟家里人说她的愿望是要穿上志愿者的灰马甲，我们听了特别感动，这说明她对我们的志愿者工作是非常有感情的。

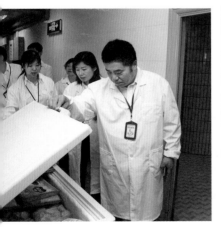
杨国庆（右一）带队检查科技馆食堂

杨国庆（左九）与上海科技馆志愿服务总队代表合影

立足当下，砥砺前行

问：这么多年来上海科技馆建设经历了风风雨雨，您觉得它有什么东西是一以贯之的吗？

杨国庆：上海科技馆在建设当中始终如一地受到上级机关和领导们的支持，在科技馆建设时期既有科技馆建设领导小组，又有专家委员会，同时在资金和政策方面得到了大力支持，可以让我们团队多走出去借鉴国外优秀场馆的经验。我们团队去过了很多欧洲、亚洲、美洲、澳洲等地的优秀博物馆，包括 NASA 航空中心、法国科技馆、德国科技馆、一些日本的企业馆等，由此获得了一些宝贵的经验。在团队建设上我们也得到了社会各界的大力支持，包括为我们的团队人才提供租金十分优惠

上海科技馆在上海市科技系统龙舟赛上实现三连冠

的青年公寓，为引进人才的家属就业、子女解决上学难等问题提供帮助。上海科技馆志愿者队伍建设也得到了市文明办、市教卫党委、团市委和市志愿者协会的大力支持，从志愿者招募、录用、培训、使用、登记、交流、关爱、表彰等一系列活动中都留下了他们的身影。我们还多次被市文明委评为"志愿者服务先进集体"，并受到市领导的接见和合影。

还有一个是我们一直很重视内部的文化建设。我们从开始建设科技馆到科技馆成上海的一块牌子和一个地标，从第一次拿到全国文明单位一直保持到现在，文化建设是我们很关注的，包括怎样把职工的凝聚力整合起来，以及怎么发挥团组织作用等。

问：我们了解到您对于上海科技馆管理模式的改变，提出了很多宝贵的建议，面对这些年来上海科技馆的变化，您认为上海科技馆的定位、理念是什么？

杨国庆：当时上海科技馆的定位是将"教育与科研、合作与交流、收藏与制作、休闲与旅游"融合为一体，目标是"世界一流、国内领先"。因此无论是上海科技馆的建筑设计还是上海科技馆的展示整体设计，都是面向国内外征集和招标，机构设置和人员配备也借鉴国内外一流场馆的成功做法。随着上海科技馆的发展，我们除引进人才外，更注重人才培养，申请建立了上海科技馆博士后科研工作站，不断拓宽培训渠道，开展了国内外馆际间的培训交流，提升了员工的学历和业务能力，逐步形成了"乐业专业敬业，致力创造未来"的上海科技馆精神。

问：您经历了上海科技馆发展的十几年，从建馆到今天"三馆合一"，希望达成怎样的效果呢？您对上海科技馆的未来发展有什么建议或想法吗？您希望上海科技馆还有哪些新的模块建设或者增加哪些内容？

杨国庆：我希望随着上海的发展，一个屋檐下的"三馆合一"发展成三个物理空间相对独立的科学技术博物馆集群，努力打造世界级科学文化地标，做全中国最好的场馆，真正做好"学习科学知识，传播科学思想，倡导科学方法，弘扬科学精神"的科普教育基地。站在"十四五"开局年的新起点，依托"科学中心+博物馆"集群的特色，聚焦"科学教育"核心功能，根据目前的状况，上海科技馆可以给每个分馆一些独立的管理自主

权，日常运行以快为主，强化现场管理。志愿者管理可以在上海科技馆进行统一培训，天文馆的志愿者可以更多面向上海海事大学或者上海海洋大学等临港区域的高校招募，区位上会更合理一些，也能给学生和学校节省一些时间和成本。

整理人：林欣欣

11

20 年，追求科技馆之卓越

口述人：顾庆生

顾庆生，1960 年 12 月生。汉族，籍贯江苏苏州。中共党员，政工师。曾担任上海科技馆副馆长，上海天文馆建设指挥部总指挥、上海自然博物馆管委会主任。参与了上海科技馆重大工程的建设与管理。上海科技馆建成后，长期负责行政、人事、场馆运行、展示教育、经营和业务管理工作。2014 年 11 月起担任上海天文馆工程建设指挥部总指挥，全面负责天文馆项目建设与管理，组织开展建设项目可行性研究报告编制，展示方案的策划与研究。2018 年下半年起担任上海自然博物馆管委会主任，致力于构建"三维立体"（收藏研究、公众教育、运行服务）博物馆协同创新机制和"五位一体"（展览教育、拓展教育、线上教育、观众研究、人才培育）的自博馆教育体系。

激情燃烧的岁月

问：顾馆长，您好！您是什么时候从事上海科技馆相关工作的？

顾庆生：我和科技工作还是比较有缘，在上海科技馆之前我就在金山区科委工作。浦东开发、科教兴国战略掀起热潮，上海要建一个国内规模最大的科技馆，我很向往，经过组织同意就调来了。2000 年，我正值不惑之年，我想我这一生就投身科普事业，心无旁骛了。

我感觉在政府部门做科技管理工作是比较宏观的，有时候也会产生一点焦虑感，心想做一点看得见、摸得着、实实在在的工作，在我眼中，上海科技馆的工作就是这样一份工作。每天开门迎客，有那么多的公众能够走进这座科学殿堂，接受科普教育。一分耕耘，一分收获。为老百姓实实在在地服务，感觉自己的努力得到了社会的认可，这也是我在上海科技馆不懈努力的一个动力。

问：您在上海科技馆的主要工作内容是什么？有没有经历过一些调整？

顾庆生：我在上海科技馆，应该说大多数的工作岗位都经历过了，而且时间都不算短。我最早的、时间最长的工作是做办公室工作，我是第一任办公室主任。那时候的办公室是"不管部"，因为刚刚成立，各方面运行才刚开始，没有先例，所以只要是没有专门的部门、机构去做的工作，全都是办公室来做。我算了一下，当时除了常规的办公室办文办会的职能以外，大概至少负责了将近十来个方面的工作。

譬如，当时我们搞质量体系的建立，是国内第一个引进 ISO 9000 / ISO 1400（国际质量 / 环境体系认证）的科普场馆，办公室是"质量办"。后来我们提出"多一个游客就多一份科普"的口号，推进到科普旅游，把科普基地变成一个旅游景点，创建国家 5A 级旅游景区，办公室是"保障办"。APEC、上合组织峰会等重大活动、重要接待连续不断，办公室是"接待办"。后来提出要依托馆文化来推动上海科技馆的建设和发展，办公室又是"馆文化创建工作小组"，包括馆报编辑部。还有上海世博会保障、自然博物馆新馆筹备等诸多重要工作也都是由办公室承担，当时办公室也就五六个人，大家团结协作，从来没有考虑过工作的界限。

2014 年，我进了上海科技馆领导班子，也是做全方位的管理工作。之后调我去上海天文馆负责工程建设，当这个工作快结束的时候，我又去了刚建立五年的上海自然博物馆任管委会主任。退休前一年我又承担了一个"意想不到"的工作，负责三馆安全保卫。我没有这方面的经验，但安全责任重大，一定要做到万无一失。只有沉到基层，对全馆所有的风险点做到心中有数，才能确保一方平安。上海科技馆不能出任何安全问题，因为会影响到上海甚至国家的形象。我对圆满完成了组织交代的任务感到欣慰。

顾庆生作为上海科技馆新闻发言人接受媒体采访

问：您当时在建设的时候对上海科技馆的整体构想是什么？

顾庆生：实际上，早期目标是比较模糊的。我知道上海科技馆地位的重要性，它是最主要的科普教育基地和重要的精神文明建设基地，在上海的科普事业中承担着最主要的、引领的作用，要成为全国的示范，要创国际一流。这都是当时市领导在科技馆规划建设时提出来的一些要求，不是模仿别人，而是追求卓越。

我们凭借坚定的信念和不懈的努力，在实践的过程中把目标具体化。到今天为止，我觉得心中的蓝图应该是绘就了，"国内领先，世界一流"这个愿景实现了。因为我们了解、对比了不少国外的馆，不仅是规模上，建筑的形态上，展品的先进程度上，我们科技馆的展示、教育、研究等功能方面，都不落后。另外我们还很重视科技馆的科学传播，打通了与高校、研究院以及科学家之间的关系，形成了一个创新教育的平台。

"三馆合一"也是我们在实践中慢慢摸索出来的。最早三馆是在一个屋檐下，但是随着时代的发展，我们逐渐感觉到一个城市一定要有独立的自然博物馆、天文馆、科技馆，这也是为了符合城市的发展需要。因为三馆涉及不同的领域、不同的体系，现在终于形成了真正的集群化管理，这也成为当今国际上一种先进的博物馆管理模式。

问：您觉得在二十多年来的工作中，遇到过最大的一个困难或者挑战是什么？您是如何克服的？

顾庆生：我在 2016 年担任了上海天文馆工程建设总指挥，这对我来讲是一个极大的挑战。我的优势是熟悉馆情、熟悉科技馆的运行规律，我整天泡在场馆里，

上｜建设中的上海天文馆球幕影院

下｜建成后的上海天文馆球幕影院

141

十几年下来，已经和场馆紧紧联系在一起，驾轻就熟，但作为总指挥管理工程建设，压力就会很大。新的任务根本没有适应期，工程开工建设节点就是军令状，一道道难题摆在眼前需要克服。建设基地是离管委会3公里的一片长满芦苇的不毛之地，没有任何工作条件；从上海科技馆到临港有70多公里，建安团队每天来回奔波，耗时达三到四个小时；设计联合体组织协调和出图审图工作量巨大；工程管理代甲方费用紧张，工程组织管理体系亟待健全；施工单位众多，施工难度大、要求高、投资控制紧，工人流动性大，工程管理面临巨大考验。如何开好局并打响工程建设第一炮？上海科技馆成立了由馆党委书记王莲华任组长的天文馆工程建设领导小组，加强领导、把握大局、协调各方，密集开展全方位工作联络沟通协调，构建重大工程工作支持体系。重大办专门协调开工前设计、审批、招标等各项工作；市科委立项支持天文馆关键技术研究课题；临港管委会解决办公和生活条件、工程前期配套项目以及 BIM 专项经费、职工"双限房"；建立了

顾庆生正在指挥神舟六号航天展的现场保障活动

工程建设单位高层工作协调机制。良好的工程建设生态环境形成了，但建设一支尽责敬业、作风优良、能打硬仗属于天文馆自己的建设管理团队还是核心和关键。结合"三严三实"教育活动，经过自下而上的大讨论，以党建为引领，把支部建在工地，与建设单位开展党建联建，每个建设者心中树立"聚力攻坚、同心干事，建设国际顶级天文馆"的目标。这不仅是成功的开局，也为整个工程的顺利进行打下了坚实的基础。党建引领成为这个不一般工程的显著标识。我以身作则，第一时间就去学习了解工程建设管理知识，全身心投入到这个工程。工程的整个管理过程极其庞杂。天文馆设计新颖、造型独特、结构复杂，施工难度极大，工程预算很紧，进度压力较大。安全、质量、进度、投资控制相互制约，特别是安全责任重大。从基坑开挖，到结构施工，每一步都承受安全风险。临港地区雨水多、风大、地质复杂、施工难度大，稍有一个疏忽都会造成严重后果，工程的事比天大。在建设施工全过程中，我坚持在工地一线指挥，及时发现和解决施工管理的问题。但凡做一件事，就要把事情做成、做好，这也是我一贯的作风，工程在自己手上，一定不留遗憾。

上海天文馆整个工程建设队伍围绕工程目标共同作战。大家就是靠一份责任心，看着建筑一天天长大，心情像看着自己的孩子长大一样。

问：面对这二十多年来上海科技馆的变化，您觉得最欣慰的是什么？

顾庆生：现在实现三馆集群是我最为欣慰的一件事情，因为这三个馆为我们的科普教育搭建了一个非常完整的体系。通过上海天文馆可以让人树立一个完整的宇宙观、世界观。我们从哪里来、到哪里去？关于终极的科学问题，上海天文馆可以给出很好的交代。上海自然博物馆介绍整个自然演化的历史，如人类是怎么认识自然的、人和自然怎么和谐相处。上海科技馆可以回答科学技术怎么改变人们的生活。人怎么改变社会，科学技术的进步对社会越来越产生关键作用。

有了这三个馆，就能帮助我们树立一个科学精神。从根本上解决人们的科学思想、科学方法。所以我们要认识到"三馆合一"的价值，一个代表过去、历史，一个代表当下科学技术的应用和发展，一个代表未来，这也是很重要的逻辑体系。

问：您觉得哪一项科普活动，它的内容和形式是最有价值的？

顾庆生：我觉得上海自然博物馆一直倡导的展教创新理念是非常先进的，就是利用场馆的资源进行展示教育。还有线上的教育，一定要线上线下相结合，而且要拓展内容，这几年取得的成效是显而易见的。在上海科技馆，有很多高新技术、前沿科技的东西都需要老百姓去了解，希望以后在这方面还要继续创新。

博物馆不光是单一地从内容上考虑教育内容，还得从对象、方法入手，怎么和现代的教育方式结合。特别推进教育改革以后，要培养未来担当历史大任的时代新人，非常需要我们这样的科技类场馆去传授科学的知识，激发人们的兴趣和爱好，才能把以后的教育改革搞好，把创新人才培养好。科技馆的科普教育应该大有作为。

问：您在二十年的工作中，有没有印象特别深的事情？

顾庆生：在上海科技馆的建设过程中和开放初期，从领导到中层干部再到职工的作风，这支队伍都给我留下了非常深刻的印象，我也从他们身上学到了不少优良的传统作风。建设时期，我们形成的上海科技馆精神就是"上下一心、团结拼搏，无私奉献，追求卓越"。

当时的科技馆建设工作非常辛苦，我们的办公室搬了好几个地方，从张家浜边的临房到科技馆主体建筑二楼尚未布展空间搭建的临房，都是临时房屋，没有自然光。建馆的 1000 个日日夜夜，上班和下班时都看不到太阳，如果不看时间，都不知道是几点钟。我每天早上七点以前就进馆了，指挥部每天都要开会，晚上九十点钟下班是常态，从来没有双休日的概念。当时大家一门心思把这个馆建成，在建的过程中没有一个人计较休息、待遇，大家都无条件奉献。当年的那种奋斗精神、那个工作场景，在我一生当中，都是一段难忘的回忆。

锐意创新，追求卓越

问：您担任上海自然博物馆管委会主任的时候，提出要开创自博馆高质量发展的新格局，具体是怎样迈好高质量发展新步伐的？

顾庆生：整个社会都要实现高质量发展，作为上海自然博物馆，一定要满足老百姓对科普文化的更高追求，要对标国际最高标准、最好水平。我们不是一般的小馆，场馆位于市中心核心的地段，更要充分体现上海的文化特征和特点。要做到高质量发展，我认为是实现"三位一体"：一个是高水平的研究，一个是高品质的科普教育，一个是高标准的运行与观众服务，最后推动整个场馆的高质量发展。还有就是要实现精细化管理，不管是场馆的绿化布置、展品展项的维护，还是对观众的服务、导览。

由于我们始终高度重视观众的体验，在社会上收获普遍好评。

问：新建成的上海天文馆与国内外同类馆相比，最大的优势或特色是什么？

顾庆生：上海天文馆是目前世界规模最大的，它的优势就是综合性，用大视角、大历史、大结构，把宇宙天文在一个几万平方米的场馆里面呈现出来。这已经突破了传统天文馆的局限。我们以非常大的视角、采用宏大叙事手法，塑造了一个完整的宇宙观。不仅是规模，它整个视野、内涵和意义也超越了传统的天文馆。因为我们已经不仅仅把地球看成是人类的家园，我们是把银河系看成了人类的家园。我们的眼光有多大？我们把整个宇宙解析成时间、空间、光、引力、元素和生命等，这个结构如此之大，超过你的想象。从宏观到微观，从起源到未来，上海天文馆拉开了人们对整个宇宙的认识，原来人类诞生至今走过的历程在宇宙历史中仅仅好比一根头发丝。

三馆集群的实现与未来

问：您觉得哪几步，对于上海科技馆走向三馆集群是最为关键的？

顾庆生：就发展来讲，打造最主要的科普教育基地、搞科普旅游、搞质量体系、走科技文化的融合之路、推进国际化战略，这是关键的几步。建设上海科技馆，再建设上海自然博物馆，又建设上海天文馆，像浪潮一样一浪推一浪往前推进。全面贯彻科教兴国战略、可持续发展战略，上海科技馆、上海自然博物馆都发挥了独特而重要作用。现在要建立人类命运共同体，要建设现代化强国，上海天文馆的意义和作用显得更为重要。

问：您觉得三馆集群的意义和价值是什么？

顾庆生：历史是需要沉淀下来的，上海自然博物馆建筑的历史厚重感也是内敛的。上海科技馆建筑结构体现了崛起、腾飞和不断发展的动感，它代表着当今科学技术的不断演进和迅猛发展。上海天文馆主体建筑以优越的螺旋形态构成"天体运行轨道"，与"三体"结构共同诠释天体运行的基本规律，科幻感十足。三个馆的形态和寓意不同，但之间是有内在逻辑关系的，真正体现了地标性文化建筑的内涵意义。

问：您对上海科技馆以及三馆集群未来的发展还有什么建议或憧憬？

顾庆生：整个上海科技馆的展示教育是我们的主体，这个主体要体系化。我们原来是有体系的，"自然、人、科技"是主题，然后演绎天地、生命、智慧、创造、未来。这是我们当时策划整个内容的内在逻辑线。现在三个馆建起来以后，在未来设计、改造场馆的时候希望这个逻辑线仍然是存在的，这是我们创造的一种叙事方法。

顾庆生宣布"寻鸟季"上海自然博物馆之夜活动开幕

从内容建设上来说，我们要跟踪最先进的前沿科学技术发展，及时和观众沟通，确定很多先进的高新技术有没有在场馆里得到体现。当时我们就有"3D打印"这个概念，还有蓝背景成像、虚拟驾驶，这些技术在当时都很先进。现在上海科技馆里应该有生命科学、人工智能、机器人等最前沿的技术。新冠疫情暴发之后，也要给观众科普关于病毒的知识，非典的时候我们就做过病毒展。这些科普工作都是上海科技馆的社会责任，我们要持之以恒地去做。

整理人：谢似锦

顾庆生（右四）推动长三角科普场馆联盟联动发展

12

三馆建设的梦想与使命

口述人：忻歌

忻歌，1975 年 12 月生。汉族，籍贯浙江宁波。
中共党员，副研究员。上海科技馆副馆长、上
海天文馆工程建设指挥部总指挥。长期从事科
普场馆和博物馆展览策划、设计与工程建设管
理工作，全程参与了上海科技馆、上海自然博
物馆、上海天文馆建设，组织实施了"神舟"
系列航天展、生肖文化系列展、科学艺术系列
展、科普文化系列展等上百个科普临展。她还
作为顾问专家参与或指导了国内多家科普场馆
的建设、领衔或作为主要人员参与了多个科研
课题，培养了以上海科技馆研究设计院为代表
的科普展示创新团队。获上海市大众科学奖、

上海市三八红旗手等称号，参与项目获国家科技进步奖、上海市科技进步奖、全国
十大博物馆陈列精品奖等。

锻炼自我，结缘科技馆

问：忻馆长，您好！您是什么时候到上海科技馆工作的？当初为什么选择了这个职业？

忻歌：1998 年 7 月，我从上海交通大学毕业后来到浦东，在上海科技城有限公司开始了我第一份、也是至今为止唯一的一份工作。科技馆、世纪公园、浦东新区政府、东方艺术中心、地铁 2 号线……很难想象这些你今天所看到的一切，在当时全是荒芜的农田，如今杨柳依依、蔷薇灼灼的张家浜原来也只是一条臭水浜。

刚刚来到科技馆的时候，我们先是在杨高路上租借办公室，不久后又搬到了工地的临房，在方圆几公里的大工地上白手起家。当时笔记本电脑还很稀罕，我们工作用的都是笨重的 CRT 显示器，电脑很慢，网速更慢。晚上经常加班，我们不是吃方便面就是和农民工兄弟们一起在工地食堂打饭吃。有时候碰到下雨天，工地内外一片烂泥浆，我们深一脚浅一脚地走上很远才能到马路，

忻歌（左一）荣获第十三届上海市大众科学奖

忻歌参加第 32 次南极考察队

加班到深夜的时候，男同事们穿上高筒雨鞋跑到马路上把出租车叫进来，我们才免受了泥泞之苦。那时候，人不多，但干劲很足；钱不多，但精神富足。

20世纪90年代末正是上海经济快速发展的阶段，作为名牌大学的毕业生，就业方面还是很有优势的，但我在十几个意向中却最终选择了工资最低、条件最艰苦的这份工作，家人和一些朋友都无法理解这个选择。其实我当时的考虑非常简单，我认为毕业后的第一份工作，最重要的就是要能实现自我发展、自我成长。上海科技馆项目投资大、起点高，社会各界都给予了高度关注，尤其是在当时即将作为APEC会议的主会场向全世界亮相，能够有幸在这样的平台上锻炼和成长，非常符合我的择业观。直到今天，我仍不后悔自己的选择，我很热爱自己的工作，也以在上海科技馆工作为荣。

问：您认为作为上海科技馆的工作者，需要具备何种能力呢？

忻歌：我认为要对未知世界永葆好奇，具备较强的学习能力和转化能力，并对科普事业拥有持久的热情。以我的个人经验来说，2014年底加入上海天文馆指挥部的时候，我刚刚完成上海自然博物馆的建设，需要快速从缤纷有趣的生命世界转到深奥、抽象的宇宙时空，原先的知识储备远远不够。因此，一到天文馆，我就请同事们为我上课，自己也观看和阅读了大量经典的天文科普书和纪录片，从卡尔萨根的《宇宙》到霍金的《时间简史》，从Brian Cox的"奇迹"系列到尼尔泰森的《COSMOS》。那段时间如果你走进天文馆指挥部的临时办公室，就会看到我们的临时教室，白板上画满了公式和草图，热烈的气氛让人记忆深刻。通过两个多月的密集学习，我才渐渐开始入门。而最难忘的，就是和同事们一起去看流星雨，当我亲眼从望远镜中看到那个小小而清晰的天体，才能理解我们为什么要做天文科普，我们要建一座怎样的天文馆。要传播科学，首先自己要能理解科学、热爱科普。

星空浩渺，建设天文馆

问：在上海天文馆的建设过程中，您担任了工程建设指挥部总指挥，请问您主要负责什么工作？

忻歌：任何一个复杂的系统工程，都是团队合作的成果，上海天文馆的建设就融入了上百家参建单位、无数建设者的智慧和汗水，每一个人在其中担任的角色和作用都很重要。作为总指挥，我的工作主要有三个层面，首先是在顶层设计层面上进行规划，建构合理的工作模式，制定工作制度和规则，并找到专业的人来做专业的事。其次是中观层面，从进度、质量、安全、预算四个方面来协调统筹，设定每个阶段的工作目标，推进工程不断向前迈进。最后是微观层面，从关键细节上深入把控，确保最终的效果和品质。虽然我是总指挥，但我可能会关注到图文文稿上的一个标点符号、墙面涂料的色彩选择或者是互动展品上按钮的规格型号，只要涉及最终的效果和游客体验，任何一个细节都是重要的，无数个细节最终构成了一个整体。

问：可不可以给我们分享上海天文馆建设过程中一些具体的环节呢？

忻歌：以上海天文馆的展示整体规划设计方案的形成过程为例，从创意到最终成型经历了四个重要阶段——从30%、50%、80%到100%，除了馆方团队的全过程深度参与之外，每个重要节点我们还会邀请各行各业的专家严格把关。在每个阶段的专家评审会上，双院士领衔、十几位资深行业专家共同参与，从科学性、艺术设计、教育传播、技术先进性、可行性、造价预算等不同角度对设计成果进行严格评审，根据各方意见完善修改后才能进入下一阶段。历时一年半的整体规划设计过程中，每个布局、每条动线、每个展项、每块图文都反复斟酌、力求最优，方案版本从 V1.0 到 V4.4，修改了十几稿，最终 100% 的设计成果有近 5000 页图纸和文本。

问：在上海天文馆的建设过程中，有没有遇到什么困难？

忻歌：其实做工程就是一个不断解决问题和困难的过程。随着工作的推进，我们一直在"碰到问题——思考对策——解决问题"的打怪路上艰难前行，其中有两个难

上海天文馆党支部荣获上海市先进基层党组织称号

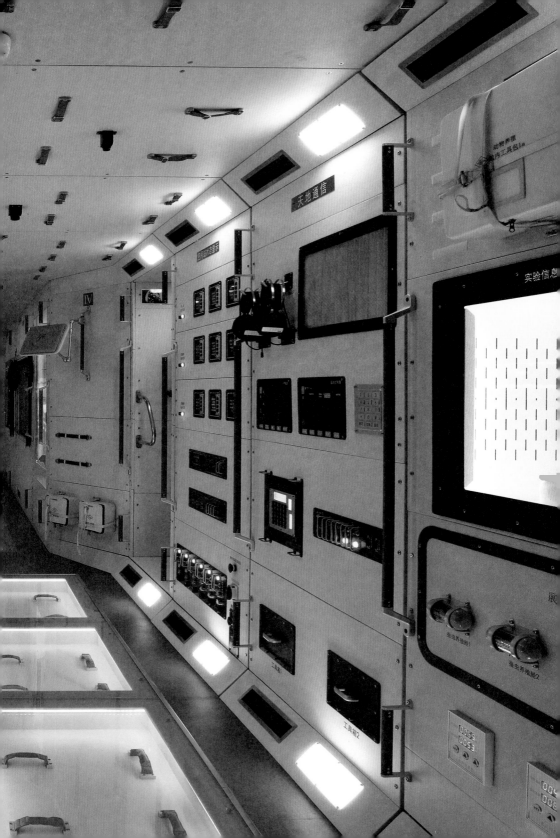

关让我印象尤为深刻。

一是上海天文馆展示工程的项目采购工作。天文馆共有 80 个采购项目，涉及金额超过 4 亿元。就以 2019 年为例，当年我们完成了 37 个项目的招标采购，采购金额达 2.65 亿元，其中 200 万元以上项目 32 项，单个项目最高采购金额超过 1 亿元。采购项目多、资金量大，绝大部分项目又是非标定制的，如何在本就发展得并不成熟的行业中遴选出最优质的供应商，又同时确保采购流程符合规范性要求，是非常具有挑战性的。

为此，我们通过规范的工作流程、深入的市场调研、细致的技术需求、科学的分析决策，来尽可能选出最合适的供应商。在工作过程中，我们会针对调研、立项、评标等全过程，编制具体的操作细则进行全员培训，使每一个团队成员都能"找准责任地""种好责任田""把好责任关"。最终，天文馆展示工程的采购工作取得了很好的成效，并代表上海获得 2019 年度中国政府采购"精

品项目奖"，也为项目的最终成功提供了重要基础。

二是新冠疫情给项目建设带来的挑战。2020年春节疫情暴发，正值上海天文馆展示工程即将全面动工的关键节点，为了不让工程停摆，我们做到了第一时间快速响应、第一时间制定策略，编制了疫情防治应急预案和居家办公工作制度，2月4日指挥部全体人员就开启线上办公模式，3月11日工地现场复工。除了克服工地现场人员筛查、物资储备等方面的困难，上海天文馆复工的真正难点在工地之外，包括施工材料供应商复产、外协人员就位等。我们通过系统化的部署、精细化的管理，协调总包单位及时优化复工复产条件，安排专人联络、监管、检查复工的上下游材料的进场安排。同时，300余件展品展项与展厅装饰布展紧密融合、相互关联，施工工序和节点计划也相互交错、不可分割。为此，我们还召开了线上供应商大会，统筹部署位于国内外不同地区的30余家展品展项供应商同步复工，确保了项目进

度的整体推进。

上海天文馆展示项目涉及大量场外制作工作，期间需要不断地进行跟踪评估，及时纠偏和调整。为了真实全面地了解展品制作情况，即使在疫情期间，我们也始终坚持到全国各地的制作单位实地考察、勘验，通过亲眼观察、亲手触摸、亲自互动来进行过程管理和品质控制，仅 2020 年一年，我们就到国内各地进行场外检查 40 多次。最终，我们和众多的参建单位一起努力，让计划赶上了变化，实现了疫情防控和工程建设的双胜利。

世界斑斓，建设自然博物馆

问：在上海自然博物馆的"生命长河"展区有三棵特别的树，这背后有什么故事可以和我们分享吗？

忻歌：上海自然博物馆中展示着一万多件珍贵的自然标本，有一半以上的标本是我们在建设过程中费尽千辛万苦征集来的，每一件背后都有着一段故事。你提到的"生命长河"展区的三棵树，第一棵是有着数亿年历史的硅化木，第二棵是有着数万年历史的阴沉木、第三棵是有着数千年历史的胡杨木，为了得到这三件标本，建设人员历经了千难万险。

硅化木来自新疆奇台，那里是著名的硅化木产地。我们走遍了奇台的硅化木收藏家和市场，还冒着危险深入偏僻的小村庄，在找到的几十棵硅化木里选择了胸径最大、色彩最漂亮的一棵，特别是这棵硅化木的中心还有水晶。

阴沉木来自长江三峡、靠近瞿塘峡的地方。有位画家赶在三峡大坝蓄水之前，将沉没在长江中的几十棵阴沉木都打捞了上来，我们几经辗转联系到这位画家，最后从他收藏的阴沉木中挑选了造型奇特、纹理清晰的两棵精品运回了上海自然博物馆。

胡杨木来自新疆巴楚。在巴楚有一片很大的野生胡杨林，我和同事从上海坐飞机到乌鲁木齐，再转机到喀什，又坐汽车跑了几百公里来到巴楚县城，最后坐着农场的车一路赶往巴楚胡杨林，历时两天才到达。当我们打算坐车深入胡杨林寻找最漂亮的胡杨时，因为前一天的洪水冲毁了道路导致我们无法前行。最终还是在上海援疆指挥部的帮助下，在林场找到了一棵虬曲苍劲的胡杨标本。

上｜忻歌在上海自博馆展示工程工地
下｜忻歌（右一）策展的青花瓷展走进"一带一路"沿线国家

三馆合一，践行观众导向理念

问：您觉得上海科技馆、上海自然博物馆以及上海天文馆这三馆之间有什么东西是一以贯之的吗？

忻歌：我觉得是"观众导向"的办馆理念。其实从二十年前开始规划建设时，我们就在践行这样的理念。当时传统的科技馆展览大都以学科制来进行规划，比如数学厅、化学厅、电磁学展厅等。但在设计上海科技馆时，我们选择打破这些学科上的限制，在科学、技术和社会（STS）理念指导下的主题制来规划展厅，这样就避免观众仅从单一的学科视角去看待某一个科学主题，将关注点从具体的知识点转向系统思维和科学方法，引导观众理解、思考和感悟科学。此外，我们还引入了迪士尼、环球影城的很多先进技术和展示手段，营造身临其境的环境氛围，通过生动有趣的体验，在寓教于乐中激发观众的科学兴趣。从上海科技馆到上海自然博物馆，再到上海天文馆，我们始终坚持从观众的视角来策划和设计科普场馆，因为我们的使命就是为公众提供最优质的科普展示和教育服务，只有观众认可才是最大的成功。以观众为导向的设计理念其实也是对"人民城市人民建，人民城市为人民"的践行和体现。

问：您觉得上海科技馆在科普教育中发挥了怎样的作用？

忻歌：相比于书籍、视频等其他媒介，上海科技馆具有很强的互动性和体验性；相比于学校教育，上海科技馆又具有更大的拓展性和趣味性。因此，作为非正规教育和终身教育的一种，上海科技馆在科学传播和普及方面有着独特的价值和不可替代的地位。

成年人通过轻松有趣的参观体验，可以了解前沿的科学信息、参与热点的科学话题，构建更全面的知识结构，促进更科学的生活方式，并在一定程度上改造世界观与价值观。比如通过参观上海天文馆，很多观众会深刻地感受到宇宙的浩渺与人类的渺小，对人生的态度会更加通达；通过参观上海自然博物馆，会体会到人类其实是自然的一部分，与自然和谐相处才是共享这个星球的最好方式。

对青少年来说，我认为上海科技馆是在他们心中埋下了一颗科学的种子。我们提供了一片土壤也播撒了一颗种子，有一天或许这颗种子就会破土成长，影响他们的成长历程和职业选择，塑造出更具有科学素养和科学精神的新生代，甚至为人类和社会的未来发展培养明天的牛顿和爱因斯坦。

问：上海科技馆不仅是一个科普展馆，还是全国 5A 级旅游景区，请问您认为这是什么原因呢？

忻歌：其实上海科技馆最初的功能定位中就有"休闲旅游"这一项，在 20 多年前这是一个非常超前的理念，当时全国的科技馆都没有这样的定位，这也为后来上海科技馆着重发展"科普旅游"打下了基础。上海科技馆成功获评 5A 级旅游景区，这也促使我们对很多硬件设施和软件服务进行了升级改造，在契合 5A 级旅游景区要求的同时，也推动我们完善了对游客的服务，使科技馆以更加多元化的身份兼顾了更多的社会功能。

整理人：张梓桐

163

13

博物馆的核心使命是教育

口述人：顾洁燕

顾洁燕，1976 年 11 月生。汉族，籍贯上海。无党派，上海市人大代表，教授级高工。曾任上海科技馆展教服务处处长，现任上海市松江区副区长。在上海科技馆工作二十余年间，主要负责展示工程和教育工作。在展示工程的媒体类项目建设中，

她积极引入新兴展示技术，探索内容和技术的有机融合；在博物馆教育工作中，她全力完善教育体系，2014 年以来，提出了上海自然博物馆（上海科技馆分馆）"展览教育＋拓展教育＋线上教育"和"观众研究＋人才培育"五位一体的教育体系，并以此为核心指导思想，牵头编制上海科技馆"十三五"教育子规划。先后荣获全国先进工作者、上海市劳动模范等称号。

初遇与共成长

问：顾区长，您好！您对上海科技馆的主要工作有什么心得？

顾洁燕荣获 2015 年度"全国先进工作者"称号

顾洁燕：我是从 1998 年进入到上海科技馆，到 2020 年 8 月才离开。刚来的时候，指挥部分两大块，一是土建，二是展示工程。当时是在展示工程的设计部，后来根据工程工作需要，在 1998~2001 年我主要负责媒体类展品展项，当时上海科技馆一期有 6 个展区，包括多媒体、视频类、剧场类等项目。我们做前期的创意策划和研发的管理，通过对投资、质量、进度等的综合把控来实现整体效果目标。

这二十余年的时间中，我有一半时间在做工程，像刚才提到的上海科技馆一期、二期的展示工程，从 1998 年一直做到 2005 年。后来 2010~2015 年又在上海自然博物馆做展示工程。当中还有一段时间，就是 2005~2010 年期间，我负责上海科技馆公众教育处的工作，就是主要做教育。后来 2015 年上海自然博物馆开馆之后，我就在自然博物馆这边做展教处的工作。所以，在我 22 年的工作经历中，有 12 年是在做工程，有 10 年是在做教育。

我很喜欢做教育这块工作。观众在观展时获取的信息可能和策展人本身的意图有所出入，我也是从策展工作过来的，教育工作可以让观众更好地了解我们的想法，这是一个很好的桥梁，所以我觉得做教育是一件很有成就感的事，在这个过程中我们也能获得观众积极的反馈，这种感觉很棒。当然，我们也鼓励和欢迎观众在参展过程中延伸甚至诞生自己的想法，这是博物馆教育价值实现的最高境界。

问：我们看到您在教育工作中做了很多努力，诸如创设了十余个教育品牌等，那么在日常策划中，您的项目金点子灵感一般从何而来？

顾洁燕：或多或少会有国外的雏形，但具体操作会不一样，因为国情不一样。比如我们看到国外很多课程放在博物馆里，学生在博物馆里上课，觉得是一个非常好的教育方式，所以积极开展"馆校合作"项目。

2006年，上海市教委推进第二期课程改革，推动上海科技馆等和相关的区合作，组织学生去科普场馆上课，但是由于涉及校内课程时间安排、学生的安全顾虑等，大部分学校对这个项目的响应度不是很高，后来就暂停了。

但是"馆校合作"这种教育本身是非常好的一种方式，所以在2016年，我在上海自然博物馆又继续做了这个工作。相较于十年前，社会、学校、教育系统对这种教育方式的理解有了较大的进步，收效也有很大的改观。我们这次是与有积极性的学校老师进行合作，一方面是培训教师，我们叫"博老师研习会"，后来这个项目也纳入上海市师资培训中心的培训体系中去了。另一方面是开发校本课程，学校依托博物馆的展览教育资源，开发学校特色的课程，并带领学生来博物馆上课。

针对距离比较远的学校，我们又做了"自然博物馆学校"项目，把上海自然博物馆教育的理念和资源课程送到学校去，鼓励将其嵌入到基础课程中。

问：您作为教育工作的负责人，通常如何管理员工和志愿者们？

顾洁燕：2016年，我们在做教育规划的时候，正式提出了"展览教育＋拓展教育＋线上教育"和"观众研究＋人才培育"五位一体的教育体系，其中"人才培育"主要就是用来培养员工，员工是我们非常宝贵的资源。

作为教育部门的员工，一是需要富有激情，要有和观众打交道的强大内心，不能有倦怠感，同时还要持续创新，开展各种烧脑的原创研发。二是要专业，博物馆教育是非常专业的工作，是一种非正式环境下的教育，是面向全年龄段的人群的教育，对员工的学科知识、教育理论和实践能力都有很高的要求。

所以在"人才培育"上我们是花了很大精力去做，去构建培训体系，比如与观众的沟通交流，专门引入了波士顿儿童博物馆的"共同学习"培训体系，结合本地特色把课程本土化后让员工学习；还会进行创作类培训、开展"自然品读汇"（读书沙龙）、请外面专家现场做"教研日"活动……这些举措都是为了能尽快培养我们的员工成长为一名合格且专业的博物馆教育人员。

关于志愿者，我们主要是在志愿者的管理和服务制度创新上做探索。在上海自然博物馆，我们设置了4种专业岗位的志愿者，包括讲解、科学辅导、课程助教、运行管理，每一类岗位的人员要求不一样，推行专业化的管理。又比如，针对参观博物馆的观众对讲解的需求非常大，但我们员工的数量满足不了观众需求的实际矛

自然探索移动课堂

《恐龙不好玩》新书发布会（左四顾洁燕）

盾，我们和志愿者管理部门反复商量，推出了"主题讲解志愿者"岗位，以吸引那些优秀的在职人员，利用他们的弹性时间来做讲解服务。因为我们之前的志愿者制度规定一天服务8小时、每年要做满12次，才可以获得志愿服务证书，但是"主题讲解志愿者"可以灵活安排时间，也没有很硬性的工时要求。

二十余年的变与不变

问：上海科技馆内的氛围和观众群体和您刚来的时候相比有什么变化吗？

顾洁燕：参展人群主要是亲子家庭、学生和爱好者。特别是亲子，可以占到参展人群的70%左右；参展的地域人群结构上，非旅游旺季或大型节假日中，上海本地观众占60%左右，非上海本地观众占30%～40%，旅游旺季则反之。

当然，经过这么多年的努力，人群特征上还是会有一些变化。比如在上海自然博物馆的运行中，我们一直在推动"吸引不来的人来自然博物馆"这个目标，比如爱好自然的文艺青年、时尚人士、老师、家长，不仅仅是为了带领学生或陪孩子，而是自己有主观的参观愿望，馆内有专门针对教师和家长的项目等。我把这个称为"分众教育"。

当然，这部分人群和我们每年两百万的观众群体比，数量上不会占有太大的比重，但是可以看到一个变化的趋势，参观人群类型变得丰富了。像我们打造的自然博物馆夜场，和乐队合作，推出了一些特别活动，每次的门票都是一抢而空，很受年轻人的欢迎。

问：我们注意到上海科技馆现在有很多形式多样的科普教育活动，您刚来科技馆的时候是什么样的情况？

顾洁燕：当时也有不少科普教育活动，而且很多首创品牌一直保留至今。2005 年，我作为公众教育处负责人，牵头做了科普剧《妈妈回来了》，这是上海科技馆的第一个科普剧，主要讲动物环保的，还拿了我们科技馆历史上第一个科普剧的全国一等奖。再比如科技馆的生肖主题展系列，第一期就是公众教育处策划的，鸡年的"飞翔的精灵"展，后来我们又做了"当狗遇上人"生肖展等。另外，我们还举办科普特种电影周、夏令营，策划各种节假日的主题活动，那时候部门只有几个人，为了实现科技馆常开常新的目标，我们还与很多机构合作举办活动，比如和英国驻沪领事馆合作"零碳城市"活动，和德国巴斯夫合作"小小化学家"等。

还有一点，我觉得非常重要的，就是我们如何看待展览在博物馆教育功能中发挥的作用和地位。以前，上海科技馆的展示教育处和公众教育处是分开的，直到2009 年两者才合并。事实证明，这种合并带来的作用是明显的，我们从"有展无教"到"展教合一"，让观众理解策展人的初衷，让观众在观展中留下印象、得到启发、引发思考、激发兴趣。2010 年，我去做上海自然博物馆展示工程，负责教育体系的规划，这是一次很好的实践。我觉得上海科技馆一以贯之的有两点，一是我们精益求精做一流的目标，要能在行业内起到引领作用；二是坚持以我为主，坚持自主研发，把握核心创意，不被供应商牵着鼻子走，这是非常重要的核心竞争力。

科普教育一直在路上

问：在上海科技馆开展过的科普活动中，您认为哪些是具有代表性的，可以简要介绍一下吗？

顾洁燕："馆校合作"就是一个很好的项目。最近，国家推出"双减"改革，这是一个契机，可以推动博物馆和学校教育更有效的融合，一方面学生有了更多的课余时间可以走进博物馆这样的非正式教育场所，另一方面，博物馆的教育课程，也有机会走进学校，丰富学校的课程体系。

问：您觉得上海科技馆在科普教育中发挥了什么样的作用？

顾洁燕：我们一直把博物馆教育叫作"非正式情境下的教育"，它和学校的正式教育是并行的，是同等重要的两个领域。博物馆对于提升公众的科学素养、理解科学的能力以及激发青少年对科学的兴趣爱好等方面都有重大作用，上海科技馆是培养孩子们科学兴趣的地方。

问：您认为科研和科普应如何恰当结合以得到一个更好的知识宣传效果？

顾洁燕：要做好科普，光凭我们这些人是远远不够的。科研人员是知识的生产者，可以直接做科普的转化工作，所以有关部门在政策等方面要积极引导更多的科研人员

上海自然博物馆之夜

绿螺讲堂

去做科普。上海自然博物馆前几年开始做"与科学家面对面"活动，和中科院、复旦大学等合作，让青年科研人员到科普场馆与公众交流科研成果，前期我们会对他们进行培训辅导，教他们如何将专业内容转化为通俗易懂的知识。科研人员来讲科学研究肯定比我们更有说服力，观众的反响也很好。

问：您认为在如今社会公众对高质量科普的需求不断提高的情况下，如何才能培养并保持群众对科普的爱好？

顾洁燕：要研究观众，要了解他们在想什么，要了解他们习惯用什么方式来获取资讯。比如现在的年轻人喜欢在移动端社交，所以我们把线上教育作为非常重要的工作去抓。一方面全力打造好微信、B站等自媒体账号，通过开发具有深度科学内涵和浅显易懂传播方式的科普资源，包括文章、长图、微视频、游戏等，来吸引观众，把他们花在咖啡厅、电影院的时间争取过来。另外一方面，我们也运用地理位置服务（LBS）、增强现实（AR）等新技术，让他们感受到精准的信息服务，收获"让标本活起来"的惊喜。

　　我们一般评价科普的效果，会有这几个维度：科学知识、对科学的情感态度、行为和方法技能。我们发现，科普在"知识"这一维度对公众的改变是很有限的，因为这里的学习不需要考试，而且知识点的记忆受到时间、记忆力差异等多种因素影响，但是在"情感态度"方面的效果是很明显的。比如我们有观众在参观了鸟巢的展览后，专程驱车回老家去看燕子窝，那是他儿时的记忆，他对乡村振兴也有了新的理解。还有在"行为"方面的改变也很明显，比如有一次我们做一个环保节能的项目，参与者事后在行为上有了改变，真正做到了"随时关灯"。

这就是博物馆对社会的作用，科普效果是可见的。这种浸润式的教育，以体验者为中心，而非一般的说教，通过激发公众的兴趣，从而推动公众理解科学，最终实现一种"行动"的自觉。

在传承中继续前进

问：在上海科技馆二十余年的工作经历和体验，对您的人生有什么受用之处？

顾洁燕：我在博物馆里工作了二十余年，深知我们所有的工作都是为了观众，要了解观众需求后再去做展览、做教育。包括我现在离开了这个行业，去政府工作，也是一样的，要去了解百姓的需求和想法，比如最近我们一直在忙着推动打疫苗的工作，要了解百姓为什么不打，要为其化解顾虑，提供就近服务等；还有最近在忙的关于民办义务教育的规范，要和民办学校的负责人去沟通，既要了解到他们的想法，也要去帮助他们解读政策、减少后顾之忧。所以说，从对方角度去换位思考是非常重要的，这是我在博物馆工作的二十余年间一个很大的感触，也让我在潜移默化中形成了这样的思维惯性去处理事情。

问：您觉得上海科技馆对上海科创软实力的提升有什么作用吗？

顾洁燕：上海科技馆作为上海最重要的科普教育基地之一，无论是在公民科学素养的提升上，还是科创人才的培养上都有重要的作用。我们有跟踪数据，像小时候经常来上海科技馆的孩子，有的萌发了对科学的兴趣，现在已经是动物学的博士，坚定地把基础科学研究作为自己的未来事业。科技创新人才非常重要的一点就是思辨，要勇于提出问题，探索无人区，这是上海科技馆科普教育的优势。上海科技馆是展示最新科技成果的重要平台，让参观者体验到科技的日新月异，科技对生活的影响，增强对科技强国的自信。我们曾经策划的神舟系列展览就是一个很好的体现，观众在参观之后非常自豪，也激发了大家对航天的更多好奇。

整理人：马晓洁

THE ANCIENT OVERLORD

14

我与"三馆"的 N 个故事

口述人：万红

万红，1970 年 6 月生。汉族，
籍贯安徽霍山。中共党员，高级
工程师。现任上海科技馆党委委
员、办公室主任、党支部书记。
2006 年加入上海科技馆，曾任
馆长助理、基金管理处处长兼上
海科普教育发展基金会理事长助
理、办公室主任、上海自然博物
馆建设指挥部总指挥助理和综合

部部长、上海自博馆管理处处长、综合管理处处长、展示教育处处长等。进馆15年来，
曾参与上海科技馆多个大型展览活动的筹办、4A 和 5A 级旅游景区以及一级博物馆的
创建，上海自然博物馆工程的建设、开馆筹备与开放运行，上海天文馆的筹建与开
馆筹备，以及基金会的运营管理、募集捐赠、公益活动等工作，先后获得上海科技
馆优秀共产党员、先进工作者、优秀党务工作者等称号。

筹办科技馆恐龙展 创造客流量记录

问：万主任，您好！您刚加入上海科技馆时有没有经历什么印象深刻的事情？

万红：2007年暑期，上海科技馆和自贡恐龙博物馆合办过一个比较轰动的展览，叫"消逝的恐龙王国"。当时我是馆长助理，协助馆长分管市场营销工作，所以我也参与了该展览的营销宣传和推广工作。

2007年6月，我带队到四川自贡去迎接恐龙化石，随行的有《解放日报》《文汇报》《新民晚报》的记者，那时候我们叫"迎亲"，目的是在恐龙化石装箱前进行宣传预热。最珍贵的是一件恐龙头骨化石，完整性、科学性非常高，它是国宝级的化石，当时的投保金额为3000万元。因为是国宝，进集装箱的时候，不仅高额投保，还聘请了专业保安公司武装押运。

经过三天三夜，专业保安公司的武装押运到了上海，紧接着开始举办开箱仪式，各路媒体都来争相报道。那时候去的都是电视和纸质媒体，网络媒体还没有那么发达。集中开箱的时候，很多记者都在等开箱的镜头。之后就紧密地布展，布展以后就开始预告展出时间。

经过一路的宣传，公众早已翘首以盼，开展第一天就轰动了全国，成为当年暑期最轰动的事件之一。当时我们这样的宣传工作也是开创了业内的先河，不错过、不浪费任何一个环节的宣传资源，整个展览我们把它策划成了一个成功的营销活动。

问：最后恐龙展的效果如何呢？

万红：2007年的时候，平时的观众客流量就几千人，但在举办恐龙展的时候一天有三四万人次，每天的新闻报道都能看到。我们的租赁期是两个月，到了 8 月底展览结束时，两个月共 117 万人次参观。大家对这个展品的关注程度，经历过的同事们都印象深刻，那时候有 100 多万的观众是难以想象的，每天外面都排着长龙。

市民踊跃参观恐龙展

参与上海自然博物馆的建设

问：您在上海自然博物馆任职的时候都参与了哪些工作呢？

万红：上海自然博物馆整个工程的建设周期比较长，可谓是"十年磨一剑"。从上海科技馆二期建成开放后，就开始酝酿上海自然博物馆立项，到 2015 年建成开放正好 10 年。我是 2012 年夏天被馆党委派到上海自然博物馆建设指挥部参与工程建设，当时土建工程尚未结构封顶，展示工程尚未启动。根据馆党委安排，我主要负责整个工程的综合管理工作，协助工程总指挥王小明馆长综合协调两大工程的协同配合，并负责展示工程的招标、合同、预算、质量、安全、进度、投资、廉政、档案等综合管理工作，后来又参与了特种影院、多媒体秀等项目以及安防工程、消防工程。

在上海自然博物馆竣工开放前，碰到最大的难题就是消防验收，作为大型公共场馆，开放之前必须要通过消防部门的专项验收。当时工程已经到收尾阶段，开馆日期也已排定。但消防这关迟迟突破不了，因为难度大，大家都没人敢接。最后关头，我主动请缨去揽了这个活。经过与市、区消防局专家的无数次沟通，指挥部上下共同努力，我们终于达到消防验收的要求，在开馆前顺利拿到了消防审批合格单。

问：您对自然博物馆建设过程中印象最深刻的事情是什么？

万红：展示工程装修布展施工开始后，我们的工作人员办公室也搬到楼里，整个楼也在同步施工。当时在地下建筑里面，由于排风不好，施工的时候烟气灰尘排不出去，整个场馆里常常是"硝烟弥漫"。工程指挥部的同志在那么艰苦的环境条件下，齐心协力、众志成城，"五加二、白加黑"地忘我工作，白天抓现场，晚上完成各类文案、图纸、材料、资料，这都是实打实的工作，不是喊在口头上的。那种艰苦环境现在是很难想象的，我至今难以忘怀。

见证天文馆的孕育和开馆

问：上海天文馆的立项是如何推动的呢？

万红：我见证和亲历了上海天文馆这个项目前期孕育的过程。2012年春节，我陪当时的馆党委书记、现在的市政府副秘书长陈鸣波走访慰问叶叔华院士。她说还有个心愿，像上海这样的大都市应该有一个国际水平的天文馆。她呼吁了很长时间，但是一直没有结果。陈书记很钦佩叶院士有这样一个家国情怀，认为上海建设国际化大都市也需要一座天文馆，于是就把叶院士的心愿记在心中，积极推动上海天文馆项目立项。我印象非常深刻的一次，陈书记带领我们去市科委汇报的时候，谈到如何才能把事情做成，他提出了"最小阻力原则"，这对后来成功立项起到了至关重要的作用。

对于这个项目，我们没有土地，考虑过闵行、考虑过青浦东方绿洲、考虑过浦东新区，考虑过很多地方。当时市里正在筹划上海自贸区扩区，也就是后来的临港新片区，非常欢迎这样一个社会文化项目。而且临港靠近海边，地势宽阔，灯光污染少，也非常适合建设天文馆。市发改委、财政局、规土局等部门都积极支持，"最小阻力原则"让"不可能"成了"可能"。

问：上海天文馆的开馆有什么幕后故事吗？

万红：早在 2020 年 9 月初，馆党委研究成立了上海天文馆运行筹备工作组，举全馆之力支持天文馆的建设。天文馆开办工作涉及人、财、物等方方面面，如人员编制申请与招聘、开办费和运行费预算的申报与落实、餐厅厨房装修与设备采购、网络与信息系统建设、办公家具招标采购、网博与票务系统建设……可谓千头万绪。馆党委充分发挥把方向、管大局、保落实的领导核心作用，王莲华书记一手抓工程建设，一手抓开馆筹备，坚持做到"四个亲自"：重要工作亲自部署、重大问题亲自过问、重点环节亲自协调、重要项目亲自督办。每两周的周四，王书记都要去临港工地现场办公，听取天文馆运行筹备工作组的成员工作汇报，督促指导工程建设和开办工作，协调解决大家遇到的各种难题。

开馆活动可谓是"好事多磨"。原来计划的开馆时间是"七一"前，后来市政府专题会议研究决定推迟到7月中旬；开馆活动天文高端会议（原定"天文峰会"）最初是按照内事活动报批的，后来因为有多位诺奖获得者以及外国天文馆馆长参加线上活动，市政府又要求按外事活动报批，所有流程又重新走了一遍……由于上述一系列变化，开馆活动和接待方案前前后后修改了18稿，直至前一天晚上10点多钟，所有文件才最后定稿。2021年7月17日，上海天文馆精彩亮相，开馆系列活动取得圆满成功，受到与会领导和专家的一致好评，所以我们所有的付出都是值得的。

亲历上海科技馆政治生活的几件大事

问：您认为近年来哪些事对上海科技馆影响深远呢？

万红：近年来，在馆党委的坚强领导下，上海科技馆的发展进入"三馆合一"新阶段，各项事业取得了举世瞩目的成绩，其中党的建设发挥了极为重要的引领保障作用。作为党委委员、办公室主任，我亲历了馆第二次党代会、市委巡视审计、全面从严治党"四责协同"、机构职能改革等政治任务，都是馆党委深入贯彻落实党的十九大精神以及中央、市委决策部署的重大举措，也是上海科技馆政治生活中意义重大、影响深远的大事件。

问：您还记得第二次党代会的一些情况吗？

万红：开好第二次党代会是 2018 年的一项重要政治任务，最主要的工作就是党代会报告等文稿起草和会务筹备。王莲华书记对党代会报告起草工作高度重视，多次召开座谈会听取意见，带领起草组对大会主题、篇章结构、主要内容乃至关键表述进行反复修改打磨，提出了一系列新思想、新战略、新举措，为馆的"十四五"发展规划指明了方向。

党代会报告在全面总结第一次党代会以来的工作成绩与主要经验，深入分析面临的宏观形势基础上，明确了今后五年的发展目标和工作任务，对新时代上海科技馆改革发展和党的建设作出系统部署。面向未来五年的发展目标，报告提出了"两步走"的战略安排，明确了四个"主攻方向"：高品位科普展示、高品质科普教育、高质量展品收藏和高水平科学研究，提出了进一步增创"九个方面的优势"、推进"九个方面的举措"的发展

中国共产党上海科技馆第二次代表大会

战略，成为引领"十四五"规划、奋进新征程的行动指南。

2018 年 12 月 18 日，大会取得了圆满成功，开出了高质量，开出了好效果，成为充分发扬民主的大会、振奋精神的大会、团结胜利的大会。

问：您能介绍一些关于机构职能改革的情况吗？

万红：机构职能改革是上海科技馆第二次党代会作出的重大决策部署。2019 年 3 月，馆党委研究决定成立馆深化改革领导小组，启动改革调研和方案起草工作。2021 年 3 月，召开大会宣布机构改革方案。两年来，领导小组和工作小组共召开 25 次会议，方案稿经历 18 次大幅度修改，充分体现了发扬民主、集思广益的过程。因此可以说，报告也是全馆集体智慧的结晶。

这次机构职能改革是上海科技馆有史以来的第一次，力度规模之大、涉及范围之广前所未有，其中既有当下"改"的举措，又有长久"立"的考虑。改革总的指导思想是"以推动高质量发展、创造高品质科普、实现高效能治理为目标导向，以强化博物馆核心功能、优化协同高效为着力点，深化科普教育供给侧结构性改革，推进上海科技馆治理体系和治理能力现代化，为加快建设世界一流科技博物馆集群提供坚强政治保证和组织保证。"目标是通过"理念再造、结构再造、流程再造"，对三馆管理体制机制进行系统性重塑、整体性重构。

在全馆的共同努力下，机构职能改革平稳落地，为"三馆合一"的高质量发展提供了坚强的组织保证。

整理人：刘一鸣

万红代表 70 后党员在情景党课上发言

爱惜标本
请勿触摸

15

党建引领科普场馆快速发展

口述人：顾莉雅

顾莉雅，1963 年 11 月生。满族，籍贯上海。中共党员，高级工程师。1995 年 8 月进入上海自然博物馆工作，2001 年上海科技馆建成时进入人事处工作，曾任党群工作处处长，现任上海科技馆组织人事处处长。主持过《科普场馆人才培养体系建设初探》等课题，具有丰富的组织人事管理经  验。任职期间，带领团队连续十余年荣获上海科技馆先进集体。个人荣获 2015-2016 年度上海市科技系统文明创建优秀组织者、2021 年上海市科技系统及上海科技馆优秀党务工作者，曾多次获得上海科技馆个人嘉奖、个人记功等荣誉。

创新发展的重要一翼

问：顾处长，您好！您在馆工作 20 年，对"三馆合一"有着怎样的认识？

顾莉雅：2001 年上海科技馆开馆，上海自然博物馆和上海天文馆相继于 2015 年和 2021 年开馆，上海科技馆成为科技馆、自然博物馆、天文馆"三馆合一"的综合性科学技术博物馆集群，"三馆合一"不是同质化管理，而是一体化高质量发展。

引领发展的党建力量

问：结合您的工作经验，您是如何理解上海科技馆建设发展中党建引领的作用呢？

顾莉雅：近年来，在上海科技馆，我感到始终有党建引领的力量，犹如"红色引擎"，带动全馆广大干部职工不断迸发出工作动力和激情。这股力量来自全馆各级党组织和党员干部埋头苦干、真抓实干，用实际行动深耕科普、厚植创新的精神，它为上海科技馆在新时代凝聚起磅礴的发展力量。党建引领的关键因素可分为以下三点。

一、强化政治引领。近年来，上海科技馆将党的全面领导融入到场馆治理的各个环节，坚持党管干部，健全干部选拔、培训、管理和考核评价体系，形成了风清气正、务实管用的选人、用人、育人机制，一大批优秀中青年干部快速涌现，干部队伍素质能力进一步提高，实现了以高质量的党建引领场馆高质量的发展。

二、深化思想引领。近年来，上海科技馆党委先后组织开展"两学一做"学习教育、"不忘初心、牢记使命"主题教育、"四史"学习教育和党史学习教育。2016年，馆党委还推动创建了"科普先锋"微信公众号，助推了党内集中学习教育活动的有效开展，目前已成为全馆各级党组织宣传教育、党群互动、管理服务的重要平台，有效提升了党建工作的渗透力和吸引力。

三、优化典型引领。近年来，上海科技馆党委注重发挥典型引领作用，组织进行了上海科技馆精神大讨论活动，成功举办开馆10周年和15周年纪念活动，连续开展"十大感动人物""十大感动团队"评选表彰和"党员示范岗"创建、"担当起该担当的责任"处长访谈等活动，深入开展"青年人才导航工程""十佳服务明星""十大青年英才"评选，着力打造心有爱国情怀、肩扛科普责任、身怀人格魅力的先进典型。

问：上海科技馆的发展之所以如此迅速，其背后秘诀之一便是"把党支部建在项目上、把党旗插在工地上"，请问您能谈谈对此的理解吗？

顾莉雅："工程建设多"是上海科技馆发展的一大特点。馆党委推动实施"党建+"，积极探索基层党建引领场馆治理的新路径。2015年，上海自然博物馆顺利建成，建

顾莉雅参与党员午间巡查

筑工程摘得鲁班奖、白玉兰奖等多个奖项，展览展示以综合排名第一的成绩荣获"全国博物馆十大陈列展览精品"；2018年，上海科技馆更新改造迈出坚实步伐，统筹推进展览展示、建筑大系统、消防安防、影院工程和智慧场馆五大更新改造工程；2021年，上海天文馆建成开放，成为全球建筑规模最大的天文馆，也成为上海国际大都市的文化"新地标"和科普"新旗舰"。

如今，"党建+"模式不仅在重大工程建设领域成果显著，在行业影响、展教改革创新、民生工程、文化建设等各个领域也全面发力，构建了"1+N"的党建新格局，推动了场馆能级和核心竞争力持续提升，让公众在上海科技馆参观游览时更方便、更舒心，让职工在上海科技馆工作生活时更有收获感、幸福感。

上海科技馆庆祝建党百年"三重温"主题党课

问：那除了这样一个"秘诀"，上海科技馆在党建引领方面还有自己独特的模式吗？

顾莉雅：一是强化组织领导，坚持"顶层抓、抓顶层"。近年来，上海科技馆党委牢固树立一切工作到支部的鲜明导向，把牢党支部建设"生命线"，突出政治功能，实施"支部堡垒"建设。抓好"书记项目"，关键要发挥党支部书记的"带头人"作用。

二是强化目标管理，坚持"统筹抓、抓统筹"。上海科技馆党委坚持把基层党建纳入年度核心任务考核体系，做到与工程建设、展教改革、科学研究、精细管理和优质服务等工作，同部署、同检查、同推进、同考核，突显其重要性。

三是强化载体建设，坚持"重点抓、抓重点"。我们充分发挥"科普先锋"微信公众平台的积极作用，开辟专栏，及时推出工作动态、先进典型、经验做法等内容，方便广大党员了解相关内容；同时积极搭建了内外联动的学习交流平台，上海科技馆成为市级机关党总支部组织生活基地和市科技系统党建（人才）教育基地；我们充分发挥了"党员示范岗"的示范带动作用，经常开展"一名党员一面旗帜""高客流期间党员支援展区"等活动。

四是强化机制保障，坚持"经常抓、抓经常"。我们落实党务例会制度，建立研究讨论基层党建工作机制，做到常抓、常议、常管，促进工作落实；还建立了经费保障机制，将阵地、设施、活动等纳入预算，保证活动正常有效开展；同时建立了督查考核机制，定期对基层党建工作进行督查，考核结果作为党员干部评先评优、选拔任用、表彰奖励的重要依据。

不断优化的人才队伍

问：除了党群党建工作，能谈一谈上海科技馆目前的人才队伍结构以及这些年的人才队伍建设情况吗？

顾莉雅：目前，我们馆在编员工近 500 人，平均年龄为 37 岁。其中 42% 的员工具有硕士及以上学历，81% 的员工为专业技术人员，具有中高级以上称职的人员占 54%。有不少同志先后获得国家创新争先奖、上海市大众科学奖、上海市青年拔尖人才等奖励；多个集体分别荣获"上海市模范集体""上海市五四奖章集体"等荣誉称号；几位员工在科学表演、科普讲解等全国性比赛中获得最高等级奖项十余次。

在具体做法上有这么几个特点，一是坚持党管人才，强化政治引领。上海科技馆党委把人才队伍建设放在事关馆发展全局的战略位置，大力推进人才强馆战略的实施，将人才队伍建设作为核心工作，树立人才优先发展理念，确保人才工作切实做到抓有方向、干有重点、评有标准、用有依据。

二是加强顶层设计，构建人才发展良好环境。近年来，上海科技馆先后制定和修订了《"十三五""十四五"人才队伍建设规划》《专业技术职务任职资格评审推荐办法》《博士后工作管理办法》《员工年度考核办法》《"领航""启航"人才计划实施办法》等人才工作制度，努力营造有利于人才成长的环境。

三是坚持培育为重，营造人才培育良好氛围。上海科技馆组建了 2 支 PI 团队，设立了 15 个职工创新工作室，有 1 名高层次人才获得科研启动经费资助，选派 10 余名优秀人才赴境外交流培训，输送 25 名人才至市、区等单位挂职锻炼，遴选 28 名青年骨干交叉培养。2016 年以来，共计有 22 名员工晋升高级职称，70 名员工晋升中级职称。

四是完善人才服务保障体系，激发干事创业热情。每年上海科技馆党委都会推出服务员工实事项目，不断提升人才的归属感、获得感和满意度。制定外地青年人才公租房补贴政策，利用好市区两级各类人才住房政策和服务保障，为人才营造了良好的创新创业环境。

问：作为组织人事处处长，您能谈一谈上海科技馆在职工管理方面的相关举措吗？

顾莉雅：在职工管理方面，我们积极落实职工会员代表大会制度，充分尊重民意，保障职工民主参与、民主管理和民主监督的权利。我们关心职工的个人发展，除了

上海科技馆启动"青年人才职业生涯导航工程"

落实基本的职工保障之外，还聚焦职工身心健康、家庭亲子教育等方面，开展了"名医进场馆""职工子女暑托班"等一系列活动，力求为职工缓解生活难题；建设"职工之家"，打造"暖心食堂"，完善办公基础设施，努力为职工提供优良的工作环境；积极开展品牌文化活动，推进场馆文化建设，丰富职工娱乐生活等。

乐业专业敬业的科技馆精神

问：在这20年的发展历程中，有什么令您印象深刻的人或事吗？

顾莉雅：上海科技馆精神是"乐业专业敬业，致力创造未来"。把"乐业"放在第一位，就是希望我们科技馆人首先要秉持乐业的心态，然后以专业的水平、敬业的精神共同努力，为我们的人生、为我们的科技馆创造一个更好的未来。

运行上海科技馆这样庞大的体系，离不开人力资源的保障。在上海天文馆开办之初，需要补充大量人员，我们部门负责申请人员编制、招聘人员、组织考试等，工作量非常大，加班加点是常态，同事们基本上都没有准时下班过，但大家都没有抱怨，而是一如既往地认真投入工作，还常常相互鼓励、加油打气，始终保持积极向上的良好状态，这就是一种乐业、敬业的体现。

令我印象深刻的是我们部门一位已退休的老员工杨桂宝，工作非常认真敬业，我刚工作时就与她共事，一直到她退休，她什么事情都要尽全力做到最好，这点对我的影响还是很大的。其实也不止杨桂宝，很多老领导、老前辈都是呕心沥血，为三馆建设付出了很多，他们很好地诠释了上海科技馆精神。现在上海科技馆员工的平均年龄37岁，我的身边大多数都是80后，他们同样也非常能干，工作能力都很强，都在自己的岗位上坚守奋斗，做出了非常好的成绩，我想这从某种意义上来说，也算是我们科技馆精神的一种传承吧！

我在上海科技馆工作了20多年，见证了这些年的成长，也为科技馆的发展付出了很多，我为此骄傲，能够在上海科技馆这个其乐融融的大家庭里和大家共同奋斗，感到十分幸福。我坚信上海科技馆能够在馆党委的坚强领导下，发展得越来越好，在建设上海科创中心的过程中，发挥更大的作用。

整理人：汪骞

顾莉雅（左三）及其团队

16

众志成城实现上海科技馆的众望所归

口述人：郑弘瑜

郑弘瑜，1957年9月生。汉族，籍贯浙江湖州。中共党员。曾任上海科技城有限公司办公室主任、上海科技城建设指挥部行政部副经理、经营部副经理，历任上海科技馆管理有限公司营销部经理、综合业务处副处长、经营管理处处长和管理有限公司总经理、董事长等，2017年退休后任上海旅游行业协会旅游景点分会秘书长。1997年起参加上海科技馆项目建设，全面参与了项目的建设、开馆的筹备及之后的运行管理等工作，组织管理有限公司建立科技馆票务管理体系，建立覆盖长三角乃至全国的票务销售网络，积极开展市场营销活动，先后5次获得上海科技馆年度先进个人、2016年度上海科技馆感动人物等荣誉。

沧海桑田，百感交集

问：郑秘书长，您好！随着科技馆项目筹备、开馆以及新建分馆，您在上海科技馆的工作有着怎样的延续和变化？

郑弘瑜：我加入项目筹备时，正好进行到租地的环节，领导看到我之前有市场相关的工作经历，就让我担任上海科技城有限公司的办公室主任。记得当时领导比较重视，专门成立了一个项目建设指挥部，分成工程部、展项部、行政部，到后期还成立了经营部。早期我是行政部的副经理，后来是经营部的副经理。

领导认为运营管理人员应该一开始就参与到总体建设工作中，这样的顶层设计体现了对上海科技馆建设的深层次理解。我是比较典型的例子，虽然我是后期管理人员，但早期就参与相关的工作，为项目建设在招投标、政府部门审批以及外贸方面进行服务。

2001年12月，上海科技馆对公众开放后，我担任上海科技馆管理有限公司营销部经理负责全馆票务工作。还记得刚开馆时的门票就是我设计的，我要考虑

郑弘瑜（右一）荣获上海科技馆"感动人物"称号

郑弘瑜（前排右一）及其团队

各要素怎么搭配，哪里放标志，哪里放票价等。2010年底，我担任了上海科技馆的经营管理处处长兼上海科技馆管理有限公司总经理，负责全馆所有的商店、餐厅等相关工作。2014年底，新建的上海自然博物馆（上海科技馆分馆）即将对公众开放，根据馆领导班子的要求，我兼任上海自然博物馆管委会副主任，负责筹备开馆及以后的场馆运营工作。

问：面对大客流量等困难和挑战，您是如何应对的？

郑弘瑜：2001年，刚开馆时，借助APEC对上海科技馆的影响力，大量的游客前来参观。尽管我们当时做了大量的准备工作，设计了服务流程，但是客流量迅速增加也会导致很大的压力。游客甚至把科技馆入口大厅的玻璃门都挤碎了，最厉害的一次是学生游客团把外面1号门的广场全部围住，二十多个身强体壮的保安被推着后退，围栏都被压弯了。

从这之后，我觉得内部管理的程序要重新规划，并且要细化服务流程。场馆的运营就是精心设计游客参观的路线，并提供良好的环境氛围，让游客尽可能完整地看到最好的一面，并且有所收获。虽然我们是一个公共的科普场馆，但是对公众开放的这一系列流程，一样不能少，而且必须很有序。游客来了以后怎么买票、怎么检票，后台都要有监管。晚上，财务人员还要对内部管理流程进行核对，每一天都要做这样的工作，每周、每月还要写一份财务报告。同时，游客也许还有许多购票需求没有得到满足，比如预订、团购等。这样一来，我最早就开始把对外的窗口建立起来，包括热线电话等各种售票渠道，以及培养一定数量的售票员。这样，从预订、售票到检票和后台核对，这一系列的票务管理体系就被基本建立起来。

到 2003 年，正好是 SARS 肆虐的时候，我们全年的游客量大概是 50 多万人次，这个数字和今天的游客量相比，看起来很少，但在当时还是不错的，然而这样的游客量与我们的接待能力差距还很大。于是我想到要建立一支市场销售队伍，把团队销售、企业销售、旅行社销售同散客的售票分列出来，同时业务员也到江浙一带的旅行社进行大量的实地走访。记得我们用一年的时间，客源就全面覆盖了江浙当时 74 个县级市。覆盖以后，包括江浙地区的一些地级市旅行社也能接待游客，这样一来就建立了覆盖全国的票务销售网络。通过这样的做法，游客从开始以上海为主，逐步发展为长三角地区和上海实现对半分，到后来有来自全国各个省市的游客，同时境外游客也不少，最多的时候达到 4%。

问：2014 年上海自然博物馆开馆之际，您刚做了视网膜手术，但仍然听从组织安排，负责开馆相关的工作。您经历了怎样一个心路历程？

郑弘瑜：2014 年，上海自然博物馆新馆准备开馆，当时我离退休还有三年不到，查出来视网膜剥离。这对我来讲简直是晴天霹雳！为什么呢？我父亲就是 50 岁的时候视网膜脱落，后来两只眼睛的视力一点点下降。人的视力差了以后，许多活就不能干了，所以当时我想自己也只能做一些上海科技馆的收尾工作了。

但是，这时馆领导来找我，希望我能兼任上海自然博物馆管委会副主任，负责馆内的运营管理工作。我表示年龄比较大了，而且眼睛刚刚开过刀，于是婉拒了。过了一段时间，领导又来找我，觉得还是我去比较合适。后来我又一想，其实，一代人就要承担一代人的责任，于是我就上阵了，主要负责筹备开馆及以后的场馆运营工作。我组织建立了自然博物馆大客流指挥系统、运行值班长制度等，成功克服了大客流对场馆的冲击，妥善处理了场馆安全与游客需求的矛盾，使游客在参观一流博物馆的同时，也能享受到博物馆的各种公共服务。因此，上海自然博物馆自开馆以来就受到了社会各界的广泛好评。

日新月异，继往开来

问：上海科技馆作为上海四个5A级旅游景区之一，您认为是哪些因素造就了这样的成果？

郑弘瑜：上海科技馆开馆一两年后，馆领导就马上想到了提高服务质量，认为对游客的服务质量要有一定的规范。因为这是一个对公众开放的场所，从公益性和市场性的双重角度来讲，一整套服务要有标准。我们管理层马上就开始贯标，在全馆上下推广 ISO 9000 和 ISO 14000 这样的国际标准。在专家和领导层论证的基础上，通过半年时间，把服务质量标准体系建立了起来。

早在2004年，馆领导就想到了要创建国家A级景区，这个理念是比较先进的，全馆上下也同心协力。大概在2005年底上海科技馆就通过了国家4A级旅游景区的评级，既然已经是4A了，我们就把文化和旅游局对A级景区的标准放到了一线，对公众的服务就是按照这一套标准来的。通过 4A 评级后大概一年多，管理层领导提出，我们要争创 5A。5A 毕竟是国家旅游景区最高标准，所以全馆上下也很努力。2010 年，我们成功创建国家 5A 级旅游景区。

问：现在您担任上海旅游行业协会旅游景点分会秘书长，仍在上海旅游业发光发热。您觉得上海科技馆的公共服务在未来的发展有哪些需要注重的地方？

郑弘瑜：现在，我站在上海市的旅游景区管理的角度看，想到三个方面。

第一，不管是自然博物馆，还是旅游景区，餐厅、商店和厕所等为游客提供公共服务的设施是必不可少的，这些是构成博物馆为公众服务很重要的部分。现在评选 A 级景区，在这方面都是很严格的。

第二，博物馆和景区里面的商店、餐厅和游客中心等公共服务设施的风格与自身的内涵要一致，风格要配套，不能和主题不相关。比如说上海科技馆的商店、餐厅要有一定的科技感和人性化的设计，这是加分项。自然博物馆出口的商店做得就非常好，在某种程度上做成了一个"展厅"。

第三，我们这种公益性场馆，在不影响公益性的前提下，也要考虑国有资产的保值甚至是增值。商店、餐厅这些也会有盈利的问题。因为上海科技馆是公益的，所以商店也带有一定的公益性，然而作为商店，价格不能完全背离市场规律。

整理人：欧柯男　魏之然

上 | 纪念品商店人头攒动

下 | 游客餐厅人气爆棚

17

紧跟时代，不辱使命

口述人：竺大铺

竺大铺，1955 年生于上海。原上海科技馆展示教育处处长、研究馆员。主要从事展览规划设计、展教管理与策划等方面工作。上海科技馆筹建期间，在展项工程中担任项目管理。上海科技馆建成运行后，组织编制相关运行手册和质量管理规章制度，先后参与组织实施了"科学与健康同行"上海科技馆系列展览——SARS 的启示展、中国首次载人交会对接航天展以及意大利达·芬奇设计展、法国道达尔能源展等。同时与法国、日本、澳大利亚等国同行开展多项交流活动。带领团队探索科教创新，原创科学表演项目多次获行业内全国性奖项。科学表演团队首次走出国门赴法国交流演出，在业内起到了引领示范作用。

作为科普领头羊，最重要的是创新

问：竺处长，您好！您是什么时候参加上海科技馆工作的？当时为什么选择上海科技馆？

竺大镛：我原来是上海自然博物馆老馆的员工，因上海科技馆建设缺乏专业技术人员，经领导推荐，我参加了上海科技馆的建设，主要从事展区展项的内容策划设计。1997年初上海市科委立项，成立了上海科技城有限公司，主要是负责上海科技馆的建设，原来位于延安东路260号的上海自然博物馆被撤销，并入上海科技馆。后来随着社会发展的需要，又在北京西路新建了上海自然博物馆，最近又在浦东新区临港新片区新建了上海天文馆。所以我选择上海科技馆也是顺应时代的需求。

问：您能不能讲讲，这些年来，上海科技馆发生了哪些变化？

竺大镛：上海科技馆的发展是与时俱进的。比如以前有一个"视听乐园""儿童乐园"等展区，现在都更新改造了。2005年的二期工程又在科技馆的二层和三层建设了6个展区。"动物世界""蜘蛛展"的建造时间差不多和二期工程同时，当时是单列出来的。相对而言，二期工程更加和时代接轨，"宇航天地""信息时代""机器人世界"等展区当时都散发出高科技的气息。

从建馆到现在，上海科技馆一直坚守创新。面对当今科技日新月异的发展，无论是内容和手段，科普都需要不断地推陈出新，贴近大众生活。这些年来，上海科技馆一直在争做科普的领头羊和排头兵，致力于培养公众科学素养和创新体系建设，不断适应新形势，力求保持鲜活的生命力。

三天两夜不闭馆，累并快乐着

问：能不能给我们讲讲，在上海科技馆工作中，您遇到的印象深刻的人或事？

竺大镛：让我印象比较深刻的人是钟扬教授，当时他刚从武汉过来，组织了一个年轻的团队承担科技馆展厅图文版的英文翻译项目，工作量是很大的，他为此付出了很多精力和心血。钟扬教授所翻译的文字言简意赅。我记得当时听钟扬教授说，一些生物学、地质学的词汇不好翻译，他特地去请教翻译大家陆谷孙先生，陆先生单单讲"潺潺流水"一词的翻译就花了40多分钟。这一项目本身是创新项目，对语言品质的要求很高。因为只有精致的语言才能确保译文的信、达、雅。我很怀念钟扬教授。

让我印象比较深刻的事是两次航天展。2003年"神舟五号"载人航天飞船发射成功，为了呼应国家整体布局、承担社会责任，上海科技馆举办了"中国首次载人航天飞行展"，三天两夜不闭馆，免费向公众开放。我当时负责现场管理，通宵工作的感受用三个词概括就是"累""快乐"和"成就感"。大清早，我看到晨跑的

轰动一时的航天展

神舟系列展掀起"航天热"

市民前来观展，觉得自豪感满满。当时这个展览很轰动，科技馆一天的人流量大概在 3 万人次左右，产生了巨大的社会影响。

2012 年"神舟九号"发射成功，"天宫一号"与"神舟九号"载人交会对接圆满成功。我们邀请航天员景海鹏、刘旺、刘洋等人来到上海科技馆，并全程参与"中国首次载人交会对接航天展"。展览向人们展示了中国航天科技的巨大成就，极大地增强了民族自豪感，同时普及了卫星技术，展示了宇航员训练的器具、飞船返回舱、对接机构部件、舱内宇航服以及相关照片和视频资料。市民在馆内可以体验宇航员训练时的感受，大家都表现出高涨的热情，这次展览活动的社会反响也非常好。

问：上海科技馆是如何做到寓教于乐的？如何培养并保持群众对科普的爱好？

竺大镛：科学本身很有趣，科普本身也很好玩。寓教于乐的科普方式也许比教科书更有事半功倍的效用，栩栩如生的标本可以提供感性的具体认知。譬如，上海科技馆内的蜘蛛展能够提供关于蜘蛛细节性的、具有深度的知识传播，包括求生、觅食、御敌、生殖等，这是非常有趣且有价值的，让观众对这些既熟悉又陌生的蜘蛛有深入的了解和认识；同时，蜘蛛展可以为仿生应用提供借鉴。

现在提倡快乐教育，注重提升整体文化修养和素质。科学传播对于青少年的兴趣培养、智力开发有着重要意义。他们就像一张白纸，科学传播的耳濡目染可能会改变他们的一生，这是一个润物细无声的过程。

科普是有教无类、教学相长的。无论在什么年龄段、从事什么职业，都可以并应该不断接受科学的传播，因为我们原本就生活在与科学须臾不可离的现代文明社会中。我们重视科学中的传播，也要研究传播中的科学。科普工作也需要根据不同对象、不同类别有针对性地展开，分门别类，运用多种形式提高科普趣味、品位，使其更贴近生活并引领大众。

科普贵在"深入浅出"。现代意义上的科普是双向的、多维的，高水准的科普不仅可以形象生动、具有感染力，而且还能够将科学、艺术和人文相结合。科普可以有课程、实验、游戏、小品、野外采集等形式，也可以采用戏剧化、情景化等多媒体呈现方式，上海科技馆提倡载体多元、形式多样、跨界融合、兼收并蓄，希望赋予科普教育更多趣味色彩和人文特色，引导和鼓励人们动手、动脑、动心，运用互动性、体验性媒介自主学习、主动学习、终身学习，积极参与到科学实践与探索中。

除此之外，科普需要我们主动挖掘公众的兴趣点，要能精准发力、突出重点。如何做好高技术含量的科普，这是一门大学问。

问：您认为应该如何找准这个"着力点"呢？

竺大镛：这有赖于研究者、策展人的综合素质，需要综合社会大环境及发展主题等因素，从中提取热点并根据对象找准契合点，找到讲故事、做传播的最佳方式。以我们曾经举办的航天展为例，一方面，百姓对于外太空和天外来物存在好奇和敬畏；另一方面，人们对国家航天事业的腾飞充满了自豪感和崇高感。如何抓住观众的心理，并与科普工作有机结合，是非常有讲究的。在科普展览方面，不应该只简单"陈列"展品，而要将"展示"作为关键要素，运用沉浸式体验和多方位互动，"讲好"展品背后的故事，从而揭示出其历史的和现实的意义。

问：相较于其他科技馆，您认为上海科技馆具有哪些优势？

竺大镛：上海科技馆的优势有三，一为"天时"，二为"地利"，三为"人和"。

"天时"是指改革开放之后，国家提出科技强国、科技立国，注重解决技术上的"卡脖子"问题，大力提倡提高全民科学素养，要使科普教育的推广和时代脉搏相吻合。同时，我国经济发展解决了温饱问题，为人民享受精神文化生活奠定了基石。

"地利"是指上海科技馆坐落于上海浦东这一优越的地理位置，交通极为便利。上海是改革开放的前沿城市，浦东又是改革发展的桥头堡，优越的区位也为对外联系及国际合作提供了条件。

"人和"则是指在开放的生活环境和氛围下，人们

的眼界、格局也受到了潜移默化的影响。加之上海是一个"人才高地"，科普教育能够与各高校进行合作，由高素质群体提供智力支持，站在科学的制高点上开展工作。

问：您对于上海科技馆未来的发展有什么想法吗？

竺大镛：上海科技馆走过的每一步都很富于挑战，可谓"战战兢兢"。我们应该一边走、一边学、一边悟。同时，我们多听、多看、多思考、多观察，对社会新出现的事物、新推行的政策要有一叶知秋的敏感度。除此之外，我们还要善于总结和选择，什么东西该留下，什么东西该扬弃，什么东西该迭代创新，都要从历史当中感悟、品味。我觉得，在目前"双减"政策推行的大背景之下，科普教育也将会再次迎来春天。任重而道远，我相信上海科技馆永远在前行的路上。

整理人：王坤

以国际视野创新科普事业

口述人：宋娴

宋娴，1983年5月生。汉
族，籍贯福建莆田。中共
党员，研究员，博士。现
任上海科技馆科学传播中
心副主任，曾兼任展示教
育处副处长、更新改造展
示策划部部长，先后参与
了上海自然博物馆新馆建
设工程、上海科技馆更新
改造工程。牵头完成《上
海科技馆十三五发展规划》

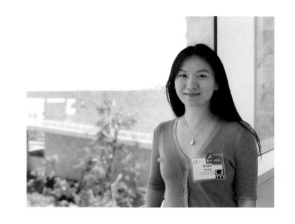

《上海科技馆十四五发展规划》《上海科技馆更新改造整体规划及实施方案》等，
参与联合国教科文组织关于《发展中国家科学中心、科学博物馆建设指南》的撰写，
承担几十项国家级、省部级课题，主编《世界博物馆最新发展译丛》等。曾获上海
科技馆先进个人、优秀共产党员等荣誉称号，获上海市科技进步奖、上海科普教育
创新奖等多项奖励，带领团队荣获上海市五四青年奖章集体、上海市青年突击队等
荣誉称号。入选上海市青年拔尖人才等多项人才计划，获美国盖蒂领导力基金、中
英博物馆人才培养、国家艺术基金等多个项目资助。

热爱自己的选择

问：宋主任，您好！可以介绍一下您在上海科技馆的工作经历吗？

宋娴：2008 年研究生毕业后，我就参与到上海科技馆工作。我在科技馆的工作，主要分为三块，第一块是展示工程。刚刚进馆时，我就参与了上海自然博物馆新馆建设，同时也参与科技馆"彩虹儿童乐园"的更新改造，这期间还作为项目负责人策划了几个临展项目。第二块是教育活动。在兼任展示教育处副处长期间，我带着同事一起梳理了八大系列的教育活动，推出了许多全新的教育活动；又在兼任更新改造工程展示部部长期间将展示和教育充分结合，带领团队策划设计了 4 个教育活动功能区，目前这几个教育功能区都已投入运行，也很受观众喜爱。第三块是进行理论研究。研究工作对内是为科技馆做的各种规划，包括更新改造的规划，"十三五""十四五"的规划等；对外主要是申请各级课题项目，以及承接上级部门决策咨询方面的课题等，通过输出学术成果，提升科技馆行业的影响力。

宋娴（左三）在上海自然博物馆建设时期与外方沟通展示方案

宋娴在美国盖蒂领导力基金培养项目中做结业演讲

问：您曾在德国曼海姆科技馆交流学习，这段出国交流学习的经历给您带来哪些收获？

宋娴：在德国曼海姆科技馆交流学习的3个月中，我把欧洲比较著名的科技馆、科学中心、自然博物馆、艺术馆基本上都看了一遍。一方面，了解"最好的博物馆应该是怎么样的""博物馆应该怎么来做"，学习它们的展示形式、教育活动；另一方面，每到一个场馆，我都不希望自己只是一个普通的观众，而希望自己可以带着问题参观，在条件允许的情况下，我都会约见相关负责人，同他们交流中外博物馆的差异和我参观后的感想，这样的深度考察让我收获很多。之前我参观德意志博物馆时，与教育部主任交流后了解到，他们在做教育项目的时候也积极关注学校教育的改革。比如在2004年，德国巴伐利亚州制定了新的教育改革方案和改革指导方针要求学生们动手学习，并强调社区资源的利用，这为博物馆成为德国巴伐利亚州教育变革的一个部分创造了机会。这其实很像我们现在讨论的"双减"背景下博物馆如何发挥作用，当时的经历哪怕在十年后的今天，对于我来说都是一笔宝贵的财富，为我的工作提供了很多实践的指导意义。

创新科学教育，促进展教融合

问：您曾作为上海科普大讲坛项目负责人，运用跨界的理念对讲坛的形式与内容不断打磨创新。您能为我们介绍上海科普大讲坛做了哪些创新性改变？

宋娴：上海科普大讲坛是由上海市科委指导、上海科技馆和上海科普教育发展基金会共同主办的，2009 年成立，至今已成功举办公益讲座超过 150 场，共计吸引 5 万多名公众现场参与，拥有超 30 万线上粉丝。

2017 年，传播中心接手了这个项目，每年年初我们会做主题规划，挑一些更加贴近社会热点的主题，采用公众报名的形式。报名中，经常出现"秒杀""一票难求"的现象。我们实现了"六大创新"，分别为创新跨界融合、创新多元合作、创新区域联动、创新活动形式、创新传播方式和创新观众研究。我们在常规讲座的基础上，逐年推出了新系列，如 2017 年的"未来科学 +"寒暑期科学营，2018 年的"年度特别活动国际馆长论坛"，2019 年的"科学与艺术"工作坊系列，2020 年的"City walk 户外探索"系列。以"跨界"为例，"跨界"即科学与艺术、历史、人文、科幻等其他领域的融合。有一

上海科技馆与敦煌研究院合作签约（右一宋娴）

更新改造展示策划团队（左五宋娴）

次我们和东方艺术中心合作，正好濮存昕在东方艺术中心演话剧《李白》，同年嫦娥探月工程举世瞩目，因此我们邀请了探月工程的首席科学家欧阳自远院士、艺术家濮存昕和上海交通大学教授江晓原，做了一场关于火星的讲坛，效果非常好。

再比如 2017 年暑假，我们首次策划了为期 5 天的上海科普大讲坛的"未来科学 +"暑期科学营项目，我们请到了 12 位顶尖的院士、科学家、历史学家、设计师、教育家、科技史专家作为讲师团成员。我清楚地记得，当时打算招募 40 个学生，但是全国各地报名人数有将近 500 人，光是电话面试，我们就花了 3 天。

问：我们了解到，您曾参与了上海科技馆更新改造工程。那次改造的目标是什么？关于业内一直说的展品同质化和展教融合这两大热点问题，你们是如何回应和解决的？

宋娴：上海科技馆更新改造工程在制定规划的时候，大家形成一个共识，那就是更新改造后的上海科技馆，不仅仅是一个现代化、综合性的科技馆，它将承担更多更重要的社会责任，同时成为公众终身学习平台、科技创新展示平台、提供动态开放的知识体系，服务城市的创新创业，引导科学舆论。基于这个共识，大家齐心协力启动了上海科技馆的更新改造，2019 年，我带领的更新改造展示策划部团队还荣获了上海市"青年突击队"的称号。

就科技馆的展示而言，国内科技馆展品同质化现象的确是十分明显的。因此，开放融合是我们在更新改造过程中的一个关键词，在更新改造的过程中积极争取和各种外部资源合作，比如材料展厅就尝试了与巴斯夫公司的合作，将来在我们的展示和教育中都会有由他们提供的专业化、持续更新的内容和实物支撑。当然最重要的还是我们自己的展品要有原始创新，美国探索馆就是我们的标杆。

除了开放融合之外，科技馆自身展示和教育的融合也很重要，教育活动可以常开常新，用于弥补常设展无法经常更新的遗憾。更新改造后的上海科技馆除了已经推出的四个全新教育活动功能区，之后每一个展区内都会有明确教育功能的区域，可能面积很小，但却是教育人员可以依托展厅资源开展教育活动的优秀平台，也可以实质性地促进展示和教育的融合。

潜心做研究，绘制新未来

问：当初为什么要成立科学传播与发展研究中心呢？

宋娴：科学传播与发展研究中心创建的初衷是，利用上海科技馆在行业中的骨干引领和示范带动作用，依托政府职能，积极争取与社会力量的紧密结合，主要聚焦三个方面：第一，在科学传播方面，汇聚一群有能力的人共同参与；第二，在科普研究方面，结合科技馆特点形成有特色的研究方向，建立行业地位；第三，在科普服务方面，主动承接政府相应的职能转移，整合相关研究力量，跨前一步思考，为政府的政策制定、资源配置提供信息服务、调查研究、咨询建议，让有限的社会资源得到合理配置和有效利用。

研究中心成立之初，总共只有三四个人，平均年龄不到 26 岁，但是每一个成员有着很强的战斗力，我们承接了大量课题，一起做展览、办会议、承担市级的赛事，工作忙碌但是无比充实。这些年，我们输出了大量的成果，在行业里也得到了充分的认可，部门先后获得上海科普教育创新奖科普成果一等奖一次、二等级奖一次，两次获得上海市科技进步奖三等奖，及上海市科技系统青年五四奖章集体称号、中国自然科学博物馆协会优秀部门、上海市青年五四奖章集体等多项荣誉奖项。

问：目前国家非常重视创新型人才的培养，你们是否做过这方面的研究？能否举一个你印象深刻的案例，并说说这些研究又是如何影响上海科技馆以及行业的发展。

宋娴：之前，我们协助上海市科学技术协会做了过去十年上海市科技创新大赛的评估，其中有一项是关于获奖选手的评估，我们发现所有的受访者对获奖学生所具有的素质在三个点上有高度的共识："实践能力强""善于自我管理""有问题意识"，另外"有家庭支持"，也是被提到比较多的。科技创新不是一个封闭的个体学习行为，而是一种需要家庭、社会、学校通力合作的社会性的培养过程。

根据这个研究，我们对科协和青少年创新人才培养提出了一些建议，比如在举办相关的比赛、活动时，一个核心的标准就是重视选"人"而非选"项目"，我们对各种创新项目的考量，实际上是看看这些孩子的思维方式，他们有没有产生对问题的好奇，又是怎么从好奇开始深化对问题的探索，否则光是比谁的项目设计更"完美"，其实会产生一种非常功利、短视的教育结果，我们要做得更多是激发孩子成为明日科学家的那种潜力，而这种"激发"，我们认为才是教育真正的价值。

科技创新大赛的研究结果让我们意识到场馆教育人员不应该只是讲解者或者简单的科学知识和方法的普及者，而是应该具备充分利用场馆资源、采用专业的教育方法来培养创新型人才的能力，这需要他们不仅关注学生在学识方面的成长，还要具备专业能力为学生的社交、合作、学习管理等软技能提供培养情境，因此我们所承担的中国科学技术协会关于科普场馆教育人员素质标准的课题就是在这样的背景下着手做的。我们结合国内外调研和访谈，提出了适应我们国家的又带有国际视野的科普场馆教育人员素质标准，助力培养更多创新型人才。

问：根据你们以往的研究，想要将上海科技馆建设成国际一流的场馆，可以在哪些方面寻找突破口？

宋娴：上海科技馆以及自然博物馆和天文馆两个分馆，从内涵、软实力来讲，展示、教育两方面在全国都是走在前列，但要达到国际一流水平，还需要继续努力。之前，我们做"十四五"规划，馆领导要求我们对标国际一流场馆，从国际发展趋势来看，我们未来需要努力的方向主要有占领数字领域、加强教育能力、深入地研究国家最紧迫的挑战，并利用博物馆的声誉和专业知识来促进科学家和公众的对话。未来五年一定是博物馆数字资源大放异彩的五年，我们要抢占先机，以内容为王，生产高质量的数字资源，重构学习资源，创新学习方式，用技术赋能博物馆教育。

整理人：钟佳琳　谷笑影

科学传播与发展研究中心团队（左四宋娴）

"挑虫狂人"与化石的三十载

口述人：周保春

周保春，1963年3月生。汉族，籍贯安徽淮南。民盟盟员。现任上海科技馆自然史研究中心副研究员、上海市地质学会理事、上海市矿物化石研究会化石专委会主任、上海人类学学会副会长。1994年进入同济大学从事博士后研究，1996年进入上海自然博物馆从事古生物学研究。2002年底至

2014年，任上海科技馆杂志社主编，从事科普期刊《自然与人》《自然与科技》的编辑出版。2015年重回科研岗位，在自然史研究中心开展生物演化及古海洋学研究。自2010年作为上海市政协委员以来，积极参加政协的各种会议和调研，围绕着生态建设、科普振兴撰写提案和建议。

投身科学，身份转换中的痛苦与涅槃

问：周博士，您好！您觉得您在上海科技馆工作的过程中遇到的最大的挑战、困难是什么？您是怎么克服的？工作中有没有什么印象特别深的人或者事情？

周保春：我所学的专业为地质古生物学，1996年进入上海自然博物馆工作。刚进入上海自然博物馆时，我就遇到了一个很大的挑战。在我心目中，自然博物馆应该是一个很好的学术机构，可以提供很好的研究环境。但是当时上海自然博物馆研究条件还很差，科研仪器设备很少，开展研究难度较大。我当时在申请研究经费时就遇到不少困难，最后只能通过和外单位同行合作来开展研究。现在就好多了，国家也比较重视博物馆。我2015年回归科研岗位后，也把培养年轻同事作为自己的责任之一。在我的指导下，馆内一位年轻同事两次申请到国家重点实验室开放基金项目，对我国东海和北冰洋的研究也取得了很大进展。

遇到的第二个挑战是在2002年，我被调到杂志社工作。上海科技馆是有刊物发行的，这在全国博物馆也很少见，是我们馆的一个优势。2002年11月的一天，金杏宝副馆长找我谈话，说杂志社的社长兼主编张绍光

周保春（左一）作为杂志社主编采访欧阳自远院士　周保春代表60后科研人员发言

老师辞职了，《自然与人》杂志陷入停刊危机。金馆长希望我接手杂志的编辑出版工作，我没做太多思考就答应了下来，没想到在主编的岗位上一做就是12年。一开始由于缺乏经验，我走过不少弯路。从收稿、组稿、排版、配图，到部分写稿工作，整个杂志的流程我都要亲力亲为地跟进。这对于之前一直从事科研工作的我来说是一个不小的挑战，都是在实践中摸索前进，这是我人生中最忙的一段时间。刊物编辑是个非常枯燥的工种，可是这份工作使我可以与读者分享科学发现的快乐。从2003年到2014年，我和杂志社的同事们在人手少、经费少的条件下，坚守岗位、坚持质量，编辑出版科普期刊《自然与人》及《自然与科技》共72期。

在杂志社工作的12年里，我学到了许多东西，但也因阔别学术研究太久，当我重新回归科研后，再次遇到不小的挑战。做科研需要不断关注所在领域的前沿成果，但我中断了十多年，重新捡起来是一件困难的事情。就像一个很久不锻炼的运动员，重新开始训练肯定要吃很多苦。刚开始那段时间，我就感到写文章的速度比以前慢了许多。在一次论文投稿中，由于我的名字太久没出现在学术界，投稿经历也是一波三折，最后我决定不再做第一作者而退居通讯作者，这篇文章才得以发出。让我欣慰的是，这篇文章发出后国外媒体立即关注，对我进行了邮件采访，此后多家网站刊登、转载了对我们成果的报道。

问：您对在杂志社和科研岗位这两份工作的感受有何不同？相对来说更喜欢哪项工作呢？

周保春：其实做科研和做期刊，这两份工作性质上相差很大。做期刊首先要保证的一点是一定要按时出版、不能出错，我们一般都要对文稿校对三遍。做科研时我考虑更多的不是尽快出成果，当然，尽快出成果也很重要，我考虑更多的是能够提出什么有价值的科学问题，并且有能力将问题解决。科研工作需要花费大量时间、精力去研究标本、读文献与思考，但最终呈现在论文里的只有很小一部分，这个是与做期刊不同的地方。

对于我个人来说，我更喜欢从事科研工作，这是我学生时代一直在做的事情，我对它有一种情结。但是做杂志的这些年我确实收获颇丰，比如如何与人打交道，如何和大家合作完成一项工作，这对我而言是人生中很重要的功课。

立足专业，高站位科普助力科学事业

问：您认为应当如何将科研工作和科普教育活动更好地结合起来？

周保春：我认为，好的科普应该与科研和收藏有效结合起来，不能局限在"二手"内容的传达。最近，我们部门正在与上海电视台合作，将科研成果和馆藏背后的科学故事，用短视频的方式通俗易懂地呈现出来。

我以前一直有个梦想，就是在化石记录中看到新物种是如何产生的，而现在，我真的获得了合适的材料，并能开展相关的研究了。科研可以为许多有趣的科学问题提供答案，我们的研究成果可以转化为很好的科普。比如我们开展早期鸟类色觉能力的研究，成果就在馆内做过很多次科普。我们前几年对北冰洋第四纪微体化石进行研究，弄清了冰期里海洋水团的变迁，这项成果也可以转化为科普题材。

问：上海科技馆之前推出暑期研究课题来激发同学探索自然的兴趣。我们推出这些活动的初衷是什么？效果如何？

周保春：我参与的"'馆校合作'项目学生实习研究员子项目"，是由我们馆展教部门推出的，当时邀请我去做指导老师。这个项目还是很有意义的，通过让学生观察上海古海岸线贝壳砂中的微小化石形态，分析种群结构，了解它们从何处搬运而来，激发了他们对古生物学的兴趣。我指导的这个项目取得了不错的效果，但是也有遗憾，同学们一周只来一次，整体参与时间不够。不过，同学们毕竟通过这个项目了解了研究的方法和流程，这对他们来说还是很有意义的。

问：在进行科普工作时，应该如何发挥科普的作用且寓教于乐呢？

周保春：首先，我认为科普是一种技术含量很高的工作，因为科普需要用最通俗的语言给公众讲透科学研究深奥的故事。同时，科普内容要保证科学性，这就要求科普工作者自身必须懂科学。在这方面，我最佩服的是同济

周保春（右三）带领高中生考察金山区古海岸线贝壳沙堤遗址

大学的汪品先院士，他是一位杰出的科学家，同时也是一位科普大师。他在自己的研究领域有极深的造诣，并且可以用最通俗的语言把科学故事讲给大家听。我在做科普时，心里总想着以汪老师为标杆，把科学的价值和乐趣传递给公众。

周保春（左二）参与螺俚螺说科普活动

对标世界一流，在开拓创新中前进

问：您认为上海自然博物馆的科研、收藏、科普功能与国际一流水平还有哪些差距？

周保春：从上海科技馆的科研和收藏情况来看，我们与世界一流水平还有不小的差距。例如美国史密森尼学会下属的美国国家自然历史博物馆有 1.45 亿件藏品，大英自然历史博物馆有 8000 万件，东京国立科学博物馆有 440 万件，而我们目前只有 30 万件。不过，在藏品信息全球共享、国内外科学家紧密合作的大趋势下，我们的藏品同样可以发挥重要的作用。在科研方面，目前我们的科研成果还太少，但我个人认为，相比数量，质量同样重要。我们应该努力营造一个以科学问题为导向的研究环境，扎实努力，提升研究收藏水平。

问：您之前指出，上海自然博物馆的科研、收藏和科普三大功能中，科研功能至关重要，能否给我们简单介绍下原因？

周保春：上海自然博物馆的使命是研究、收藏自然界和生物界起源、发展的物证，并将其用于科普展示和教育。科学研究是根本，收藏和科普是科研的自然延伸。在上海加快建设具有国际影响力的科技创新中心的大背景下，强化上海自然博物馆的学术力量和收藏能力，按照客观规律发展博物馆事业，已经成为市政府和上海科技馆领导的共识。自然博物馆的发展水平代表了一个城市、一个国家自然史的科学水平，科研和收藏是自然博物馆存在的基石。自然博物馆必须是生产知识的地方，而不只是单纯的"转发"，这样才能够将最新的知识和科学方法传播给公众，这对青少年来说尤其重要。

整理人：杨帆

自然史研究中心科研团队（后排右二周保春）

20

三项全能：科研科考科普

口述人：郦珊

郦珊，1986年11月生。汉族，籍贯江苏丹阳。中共党员。野生动物与鱼类学博士，毕业于美国宾夕法尼亚州立大学。现任上海科技馆自然史研究中心副研究员、上海海洋大学硕士生导师、中国自然科学博物馆学会青年工作委员会执行委员、上海市野生动植物保护协会理事。主要从事入侵生态学及鱼类分类学研究。2015年进入上海科技馆博士后工作站工作，为科技馆首次获中国博士后基金项目1项，获国家自然科学基金项目1项、上海市自然科学基金项目1项、教育部重点实验室开放基金项目1项、农业农村部重点实验室开放基金项目1项。

今天的科研就是明天的科普

问：郦博士，您好！标本的展览是能够更加近距离地为游客进行科普的途径，您在多地野外采样为上海科技馆采集了鱼类标本数百尾，您能给我们谈谈标本收集的重要性吗？同时也请您分享一些标本收集背后的故事。

郦珊：目前，自然博物馆被定义为集教育、研究、展示、收藏和休闲五大功能为一体的公益机构，其中收藏和研究是基础。我认为，如果一个自然博物馆没有收藏和研究，就不能称作一个真正的自然博物馆。早期的自然博物馆始于欧洲皇室和博物学家的私人收藏。自现代意义的自然博物馆诞生以来，科学家野外考察收集的标本一直是自然博物馆藏品的重要来源。科学家通过对这些标本以及采集地环境的观察和研究，为其科学分类，并以此为依据来探究地球的起源、生命的演化、环境的变迁以及人类在其中扮演的角色。随着科学技术的不断更新，标本能告诉我们的信息也越来越多。例如，在我们上海自然博物馆所展示的"窃蛋龙"的故事。一开始它被认为是在偷蛋，所以就给它取名叫"窃蛋龙"，之后通过DNA序列对比才发现它不是在偷蛋，蛋其实是它自己的

郦珊采集到溪流珍稀鱼类建德小鳔鮈的样本

郦珊处理外来鱼类太阳鱼的样本

下一代。由此可见，保存标本意义重大。

　　标本不仅为我们展示了地球历史的宏伟画卷，还传递了科学家坚持不懈探索真理的精神。比如著名植物学家钟扬教授通过野外考察采集了大量标本，并捐赠给了上海自然博物馆。其中，包括生境独特、数量稀少、难觅踪迹的温泉蛇和高山蛙等物种。虽然饱含国家民族情怀的钟扬教授不幸英年早逝，但他的精神仍然通过标本传递，激励着年轻人砥砺前行。

问：上海自然博物馆一直以来都以科普活动为特色，请您为我们介绍一些馆内的特色活动吧。

郦珊：上海自然博物馆有很多原创的科普教育活动，比如"绿螺讲堂""博物馆奇妙夜""科学家面对面"等。每年年底，我们馆都会请高校和科研院所的一线科学家来自然博物馆"摆摊"，介绍最新的研究成果。今年，我们与上海广播电视台合作创建了"指尖博物馆MuseuM"这一原创公众号。我们通过结合新媒体技术进行多样形式的科普，比如"我们一起野""科学家朋友们"和"看不懂博物馆"等系列，分别是科学家通过直

馆 MuseuM"平台直播科普课

郦珊在第三届亚洲鱼类学会上做学术报告

播带公众一起去野外，科学大咖讲述科研故事以及科学家回答公众的问题等。上海自然博物馆搭建了一个平台，通过线上和线下相结合的方式，公众可以在平台上展示、交流、分享等，学习各种各样的知识。

问：科技馆科普教育的意义在哪里，又发挥了怎样的作用？

郦珊：现在国家将科学普及放到了与科技创新同等重要的位置。现在网络上有各种科普平台和信息可以供大家选择，但质量参差不齐，有些甚至有明显的错误。因此，关于科普，还是需要专业的人做专业的事。上海科技馆的科普注重将科学家多年的研究成果进行原创转化，通过讲述藏品本身的故事与藏品背后研究的故事，使公众在学习知识的同时，了解科研过程和科学家的精神。

博物馆的科普教育是一种非正式教育，比起学校内的教育，博物馆不仅提供了一种学生们更容易接受的学习方式，并且潜移默化地培养他们辩证、理性的科学思维。同时，科普会是一种启迪，引导他们去探索人、地球、自然、宇宙之间的关系是什么？这也是上海科技馆"三馆合一"的一个体现。

守住水域的第一道大门

问：您在博士后工作站期间，选择对青藏高原面临的淡水鱼类入侵进行研究，为我国在这一区域首次构建了外来鱼类入侵风险评价系统。当时为什么会选择这个研究课题的？

郦珊：当人类活动带来本不属于当地的物种，该物种就有可能成为"入侵种"，从而对本地的生态和经济造成负面影响。水生生物因其隐蔽性，过去一直被关注得少，所以来科技馆后，结合我的学术研究背景，我决定做鱼类入侵生态学的研究。我选择青藏高原是因为它非常特殊。青藏高原是地球三极之一，它的自然气候、自然地理和生态环境、人文习俗跟我们国家东部地区都很不一样，同时鱼类的区系也与东部地区有很大差别，所以当东部的鱼类进入到青藏高原后就有可能变成入侵种。而当地藏民对自然有着这种祖祖辈辈传下来的崇拜，他们认为水中的生命都是很神圣的，所以他们并不食用鱼类。因此，本不属于青藏高原的淡水鱼类进入当地水域之后，犹如进入了"天堂"。然而，这些外来物种很有可能对当地生态系统和本土生物造成伤害，这就需要对该地区情况有足够的了解，并与当地的人文习俗相结合，制定

相适应的保护政策，避免发生冲突。所以无论是从研究的意义出发，还是我个人的研究兴趣出发，青藏高原都是一个理想研究地，也由此最终选择了青藏高原。

因为热爱，一切成为可能

问：您在 2020 年获得国家自然科学基金项目资助。能够申请到国家基金项目实属不易，您在申请中遇到过什么困难，又是如何克服的呢？

郦珊：我所在的自然史研究中心是上海自然博物馆新馆开馆时成立的，我入馆时部门刚成立不久。我们需要像高校的老师一样去申请科研项目、发表文章。而对于一个新成立的部门而言，做这些事情面临很大的挑战。一方面，当时馆内科研体制还不够成熟，另一方面，学术界对我们也不熟悉，很多人可能认为博物馆仅仅只是一个科普单位，这让我们在申请国家自然科学基金的时候遭到了一些质疑。这里特别需要提到王小明馆长，他特别重视科研这个功能的建设，因为他有在法国国家自然历史博物馆学习和工作的经历，所以他知道，一个真正的、优秀的自然博物馆一定要有科研能力来支撑其他功能的发展。我认为得到基金资助对科研人员来说是很重要的一个认可。在进馆以后，我拿到了国家博士后基金项目，但在国家自然科学基金项目的申请上遇到困难，连续申请了三次未能成功，当时也想过放弃。第四次申请正好是 2020 年新冠疫情最严重的时候，也是我生活上比较艰难的时候。幸而王馆长一直鼓励我坚持申请，最后申请成功后，我也是很感慨，也许坚持本身就是一种胜利。

希望推动建设国家自然博物馆

问：您曾作为特约编辑，参与了中国人与生物圈国家委员会主办的《人与生物圈——自然博物馆专辑》的策划，可以和我们谈谈在这期间有什么收获和体会吗？

郦珊：这本专辑的另一个目的是推动建设国家自然博物馆。我们希望能够建一个国家级的自然博物馆，真正体现国家的软实力。在策划专辑期间，我充分感受到我们国家最近这些年博物馆事业的蒸蒸日上。其实上海自然博物馆历史悠久，可以追溯到1868年的徐家汇博物院，它比纽约自然历史博物馆成立还早一年。因为历史原因，我们的研究几经中断，目前与国外知名大馆相比还存有一些差距。但是，我们国家幅员辽阔、资源丰富，有多样的生态系统和种类繁多的特有物种。青藏高原就是非常具有代表性的一个生态系统。所以我们需要通过扎实的基础研究，了解我国的自然史，这个就是我们自然博物馆的使命。只有充分了解自己的国家、自己脚下的这片热土，我们才有可能建立文化自信。

整理人：易茜茜

郦珊作为"领航"人才代表发言

21

标本制作师：化腐朽为神奇

口述人：单鹏

单鹏，1979 年 8 月生。汉族，籍贯江苏徐州。群众，文博馆员。现任上海科技馆藏品保护研究中心标本制作部副部长，长期从事标本和模型制作及标本保护工作，带领团队负责 1 万多件标本的日常养护，独立制作完成上百件大熊猫等动物标本，指导团队完成大中型标本数百件，制作工艺和标本形态得到了业内专家的好评，

并在首届中国动物标本大赛上获得优秀奖和二等奖，2015 年获"2013–2014 年度上海市青年文明号"，曾多次荣获上海科技馆先进个人称号。

问：单老师，您好！请问您是在什么样的契机下开始进行标本制作工作的？

单鹍：我2004年进入上海科技馆，2007年因建设新的上海自然博物馆，希望招募标本制作人才，但是老师傅们已退休，于是馆内开始重新召集人来做这件事情，希望成立一个标本制作团队，我有幸加入其中，从此开始负责标本制作工作。

问：请问与您刚进入上海科技馆时相比，馆内的标本制作、展示工作有什么变化吗？

单鹍：在我刚进入上海科技馆时，馆内还在使用比较传统的填充法来制作标本。然而在国外，标本制作工艺已经有了很大的进步，出现了许多新材料、新制作工艺。为了与国际接轨，上海科技馆请了国外的标本制作专家，为我们进行了两次为期半年的教学。我们的标本制作团队学习到了当时较为先进的石膏假体雕塑翻模技术，从而使我们制作出的标本更加生动活泼、栩栩如生。

第一期标本制作培训班开班合影（前排左三单鹍）

上海科技馆标本团队与国际同行交流标本制作技术

当时，上海科技馆内只有个别展区有零星的标本，大多数生物标本都在延安东路 260 号的老自然博物馆，使用的展示方法也大多是陈列式和景箱式。而现在，我们该有的展示方式基本上都有了。近几年来，馆内也在有规划地征集标本，标本存量也在增加，现在馆内的标本藏品数量已经达到 30 多万件。

问：您和您的团队在标本制作技术上取得了很大的突破，包括假体替代法、标本石蜡修正方法、灵长类面部石蜡制作方法等，能不能介绍一下这些方法的创新之处？

单鹍：这些方法是在标本制作过程中慢慢摸索和创新出来的。最早在制作过程中遇到的一个问题就是假体过于笨重，大家知道在中大型标本的皮张里需要有假体来做支撑，当时的传统还是用石膏做内模和填充物，来代替肌肉组织。石膏的优点是降解时间长、保存时间长，但是密度太大，运输起来很不方便。有一次我们用石膏做了一件标本，搬的时候足足要 6 个人抬！于是我们就想办法，看看有没有轻便的替代方式，后来找了很多资料，发现国外有一种假体制作是利用发泡剂，这种方法在国内还没有开始运用和流行。用发泡剂来代替石膏，这种假体替代法对发泡剂的要求很高，如果发泡时密度太大，制作出的标本很重；如果密度太低，发出来就容易导致标本变形。我们没有参考数据，就只能用"笨办法"一次次地去试，调整了很久，才找到合适的发泡剂配合比例和温度。这种技术的应用不仅彻底解决了石膏标本不易移动、不适合某些场景安装的缺点，还把假体雕塑制作的周期时间缩短了 20%，大大提高了工作效率。

第二种创新的方法是灵长类面部石蜡制作方法，主要是利用石蜡在常温下的固定作用，保留灵长类标本的面部褶皱，让标本更接近动物的真实形态。在用老方法制作时，标本面部的皱纹在干燥过程中会绷平，缺少了真实感。而通过石蜡的固定，我们能把灵长类面部的褶皱都做出来，这种方法对雕塑的要求非常高，它突破了浸制制作法与雕塑法的界限，解决了长期以来灵长类面无表情的缺点，而且在皮张上色的后期处理更加简便，保留了面部表情细节纹路。

第三种创新的方法就是标本石蜡修正方法，其实就是用石蜡来修复标本。这个东西是怎么产生的呢？当时我们新的自然博物馆要开馆了，因时间久远，有些旧本的很多地方已经变形了，但是又缺少新标本来代替这些变形的旧标本。怎么办呢？只好由我们团队来修复。修复的时候，馆内又提出一个问题，叫作"修旧如旧"，即修的时候不能破坏标本的基础。一开始，很多人提出

单鹍团队制作的老虎标本

来用塑钢土去修，但是塑钢土固定性强，用上去以后，想再拿下来就难了。我们也做了好几个方案，把优缺点和可行性分别罗列了出来，最终选定了石蜡来替代塑钢土，这在以前也是没有尝试过的。首先把石蜡化开，在它凝结过程中，趁它还有黏稠度的时候一点点塑形，粘在标本的变形处，再根据标本原来的样子进行雕塑、修复、上色，最后修复出的标本和之前一样。

细处着手出杰作

问：你们团队负责了上海自然博物馆标本的安装，能介绍一下安装过程与其难点所在吗？

单鹍：我们从 2014 年 3 月开工，直到 11 月份才安装好，一共花了 8 个月的时间。许多标本的安装工作在国内都是第一次进行，运用了从前老自然博物馆没有的展示方式，这需要我们重新思考、测量，找出安装的方法。

不同标本的展示方式有很大区别，有些标本的吊装、景观内安装都属于国内首次，我们需要耗费大量精力才能完成。我记得最多的时候是 5 个楼面同时施工，就必须不停地往返跑。我们在安装过程中遇到了很多难题，小到国内外的螺丝型号不匹配，大到标本展示位置无法运送到位。比如现在"走进非洲"的非洲象标本，当时因为通道太小根本没有办法直接运到展示的地点。标本只能从一楼进馆，展示位置在 B2 楼，我在先期充分演算和多次试验，在确保标本安全的情况下，组织施工单位使用滑轮等工具将数吨的标本从一楼垂直运送下去，成为国内标本馆大型标本安装的经典教程，当时很多国内同行都来向我们讨教经验。在整个安装过程中，最大的难点在需要挂墙和悬吊的标本安装上。为了在中庭半空成功悬吊标本，我们着实费了很大的劲儿。举个例子，在 B1 楼，我们需要悬吊一个翼龙标本，这个标本上有 9 个悬挂点，但是由于标本较脆、容易碎，我们将标本向上拽的时候，一次只能拉两个点，并且每个点最多往上提 50 厘米。如果同时拽的话，标本受力不均，很容易就会裂开。更难的是，有一条鱼龙亚化石需要悬吊。亚化石是什么概念呢？虽然它已经石化了，但远没有达到普通化石的坚硬程度，像是压缩饼干一样，一撞就碎。我们问了很多专家，都说这个没法拉，拉不上去。最后我们想出一个办法，把化石拆掉，在支架上一节一节装起来，每节中间用硅胶做成垫片，缓冲拉升中的挤压，最后成功把鱼龙亚化石拉了上去。别的单位一开始都不相信，等我们拉上去的时候感慨，上海人确实厉害啊，说上就上！

问：在标本安装好以后，馆内的团队又是如何养护标本的呢？

单鹛：馆内展示了 11000 多件标本，现在上海自然博物馆的标本大都采用开放式展示，难以达到恒温恒湿的保存条件，为了能让有大量浮灰且存在虫害隐患的展示标本延长展示周期，我们专门制定了一套适合上海自然博物馆实际实施的标本养护制度体系。

一是日常检查。我们每天都会在展区进行标本巡检，并做好相关记录，这样就能了解每个区域、每件标本的实际情况，再去制定养护计划，在哪个阶段养护哪一块标本，都是有顺序的。

二是周期性养护。这包括在馆内对各类标本与模型的清洁除尘、上色修补、防氧化等分阶段保养。灰尘会对毛皮造成很大损伤，需要用吸尘器对标本进行定期除尘，根据标本的姿态与部位的不同还需要更换不同类型的吸口。有时毛皮受污，我们还需要用软毛笔、纱布、毛巾等各种工具把毛皮上的污垢清理干净。除此以外，还要定期使用药物护毛，保持毛发的光泽与颜色。

三是定向养护。一些老标本由于制作年代久远，会出现标本脱毛、皮张开裂、耳朵折断等现象，这时我们的标本养护团队会根据破损部位和破损原因采取不同的修复方式，根据"修旧如旧"的原则，对标本进行整形，完成损坏标本的修复修整工作。

四是特殊养护。有一些标本由于时间长了，会生虫，一旦生虫会影响周围一大片标本，而且范围会愈扩愈大，后果不堪设想。这时我们就要将标本拆卸下来，到馆外进行熏蒸，达到去虫防霉的效果。

我们标本制作团队每年平均完成 4 个批次的自然博物馆全馆 11000 件标本的保护工作，对开放式展区还增加了保养频率，试图让标本展现出最好的面貌，确保馆内展示标本的常展常新。

自然博物馆标本养护

记忆中的趣事

问：在您的工作生涯中，有什么令您印象深刻的标本制作经历吗？

单鹍：我干得最辛苦的活儿，就是2017年现场解剖了一条搁浅在上海临港的长须鲸，差不多有60吨重，光骨架就有25米长。在那个地方，吊机之类的大型设备全都进不去。本来可以把鲸吊起来放到车上拉走，但是由于大车进不去，只能靠人力，趁着涨潮的时候把鲸拖到岸边，把骨头分解开以后再一块块拿出来。

当时我们几乎整个团队都去了，一共12个人。由于腐烂的死鲸尸体会产生大量刺激性强、易燃易爆的甲烷气体，尸体被切开后，甲烷气体会瞬间喷出，可能会出现"杀人的鲸爆"，可以说我们是在冒着生命危险干这件事。为了解决甲烷气体这个问题，我们决定从鲸鱼的腹部切入，在体表开了好几个小口，小心地放气，等到腹部作业面全面打开，我们再用各种刀把长须鲸的肌肉一点点切掉，手术刀、尖刀、菜刀全都上阵，近20把刀把鲸剥到只剩骨头，分解出来的鲸鱼组织还要用环保袋统一封装，要把接近2吨的鲸鱼残肉搬上垃圾车，每天集中做无害化处理。在解决了鲸鱼残肉之后，再把骨头全都分解并搬上小车，光是一块下颌骨，就重到要8个人抬。前后这样在临港呆了差不多二十天，都没有回家，后来身上的味道足足过了一个礼拜才差不多消掉。我想这就是每位标本制作师所具备的"如切如磋、如琢如磨"的工匠精神，我们就是用这种精神去面对了一个又一个困难和挑战。

江浙地区的海岸，一般都是泥沙型的，人容易陷下去。我们买来竹排，把竹排全都扎一块儿，往鲸鱼旁边塞。为什么呢？我们并不是怕鲸鱼陷下去，而是怕解剖的人陷下去。第一天开刀，有个记者非常兴奋，为了抢镜头，一激动就往里冲，没踩在竹排上，直接就陷进沙里了，一直陷到大腿。于是我们不干活儿了，先把记者给捞起来。后来我和那些记者说，以后你们别过来。你们过来，非但我剥不了鲸鱼，还得像拔萝卜一样把你们拔出来！

做标本是很有"劲"儿的事，有好多好多的故事，很有趣。

整理人：程璇

单鹍带领团队解剖搁浅长须鲸

世界猫科动物在世界的分布
Distribution of Felidae worldwide

云豹
Clouded Leopard
Neofelis nebulosa

豹
Leopard
Panthera pardus

猎豹
Cheetah
Acinonyx jubatus

狮
Lion
Panthera leo

虎
Tiger
Panthera tigris

我在科普教育的第一线

口述人：金雯俐

金雯俐，1983年4月生。汉族，籍贯浙江镇海。群众。现任上海自然博物馆教中心展示服务部副部长、副研究馆员，长期在一线从事展区管理、讲解和科普教育工作，带领上海自然博物馆"自然之声"讲解员团队，开展多维立体的讲解服务，并开设多语种讲解、专家版讲解、面向特殊人群的盲人听讲、手语讲解等服务。所在团队先后获上海市青年五四奖章集体、上海市三八红旗集体、上海市模范集体等荣誉，个人获上海市十佳科普使者、全国十佳科普使者等称号。

初心：科技馆的科普讲解

问：金老师，您好！您是怎么走上讲解员岗位的？上海科技馆和上海自然博物馆的讲解队伍是怎么发展起来的？

金雯俐：起先我的工作岗位不叫"讲解员"，而是叫上海科技馆的"展区管理员"。这个身份功能特别多，每个展区里都会有一组展区管理员负责辅导观众、讲解、演示、答疑、维序、设备日常维护等。现在上海科技馆里还有很多展区管理员，他们在展区现场身兼多职，处在服务观众的第一线。

全程讲解员队伍大约是从2007年开始建立的。当时培养了一些展区管理员，承担全馆从头到尾的讲解，服务预约观众或接待贵宾。为了培训这项技能，我们就突破了自己的展区，到一个个楼层去学习，熟悉全馆角角落落里各个展项的现场演示操作，掌握科学原理、技术应用，还要记住各个展项的演示开放场次时间。通过我们，观众能把上海科技馆的各个展区的展教内容串联起来。

金雯俐在讲解

金雯俐培训志愿者

2014 年我到了上海自然博物馆新馆之后就开始组建专职的讲解员队伍。当时有很多团队、专家、贵宾想要先睹为快，在筹备阶段就已经有一些讲解接待的工作。那时候馆里有经验的讲解员只有我和另外一位从上海科技馆调过去的同事，我们对展品也不熟悉，所以最初的工作是把讲解稿写出来。到 2015 年 4 月正式开馆时，我们有了 4 位比较资深的讲解员，再加上 8 名应届毕业生，我们 4 个人带了 8 个新人，形成了 12 人的"自然之声"讲解员队伍。我们完成了新馆大量的接待工作，并且每天开设了 45 场更专业的区域讲解，把全新的上海自然博物馆介绍给观众，得到了好评和肯定。之后经历了几次讲解员队伍的变动，原本"自然之声"的 12 个人，只有我还留在这里，现在已经是第四批讲解员队伍了。

使命：优秀讲解队伍的培养

问：作为讲解队伍的标杆和带教老师，您在带新员工的时候会给大家设计哪些培训？有什么样的心得？

金雯俐：我是上海市讲解员培训的辅导老师，按照从业标准，我一般会进行形象、礼仪、语言表达和专业讲解技巧等课程培训，但主要还是在上海自然博物馆里承担新人的培训工作。去年上海天文馆增加了新讲解员，我也给他们系统培训了 3 个月。首先，每位新员工都会有一个专属的带教老师，我们把一本最精简的七万字讲解稿交给他们，然后再请大家到展厅现场去，看着标本去学、去讲。讲解不是背稿子，讲解员的功能就是帮助观众去认识展览内容，你只有自己在现场看得懂展览的精

髓才能够去讲透、讲活，这是最基础的岗位培训。

另外，我们还给讲解员准备了五大系列培训。一是学科知识方面的"科学诠释"，从 2014 年开始，我们就会请各个学科的专家来进行面向教育人员的讲座，传授系统、基础的学科知识，有植物学、古生物、动物学、人类学、教育学、博物馆学、心理学等，满足不同学科背景的同事的学习需要。二是"高校随听"，把我们的员工送到学校里去学习，利用高校的资源，用一学期时间选修一门课程，进行系统学习。三是"共同学习"，为了帮助辅导观众，我们引进了国外儿童博物馆的培训教材，通过我们培训师的团队把这些课件进行了本土化，加入馆内常见的案例，帮助大家观察观众，了解如何去跟观众交流，特别是对家庭观众的辅导。在培训课上我就会给每个小组制造不同的难题、给出不同的态度，培训他们在展区对待观众的方式。我们对观众的服务需要划分受众、更加精细，才能够达到科普教育的公平性，更好地为观众服务。四是我们的"教研日"，就像学校里上公开课一样，挑选一些成熟的讲解、现场交流、演示活动例子，在大家面前开展一次示范，然后再坐下来交流问题、分享经验，从而共同提高。五是"品读汇"，每个月我们会推荐一本书让大家去阅读，找时间一起来赏析，请学科方面的专家共同指导大家如何去学习，同时鼓励大家创作，培养读写能力。

故事：工作的挫折与挑战

问：您在工作过程中遇到过什么困难或者印象深刻的事吗？

金雯俐：那是前年，我们需要组建"多语种讲解队伍"，但因为场馆大、展品多，讲解内容本来就非常多，还特别专业，这些全都要用外语来讲，非常困难。当时那批讲解员对自己要求特别高，没充分准备就不敢开口讲，每次外宾团队来好多人都躲了。当时我用了整整一年的时间才完成多语种讲解这个"大工程"。首先是因人施教，做大家的思想工作，克服心理障碍，愿意开口说话、暴露问题，然后再一步一步地教。我把展区里所有的专业名词整理成一本小册子发给大家，又把单词录成音频文件，请大家从一个个单词开始学，像回到学校一样，进行单词、词组默背测验。再到一个个展项、展区，要求他们每个展区至少要讲10分钟，每位同事排队抽签试讲、考试。那段时间他们看到我就联想到考试，非常害怕我。渐渐地大家克服了心理障碍，重拾了外语。最后我们团队中所有人都具备了至少有双语讲解的能力，甚至有小语种基础的同事还拓展了俄语讲解和日语讲解。

问：您和您的团队也获得了很多讲解的奖项，可以分享下参赛过程中的故事吗？

金雯俐：讲解比赛和日常工作不同，要把展台搬到舞台上去，有非常多的东西要去完成，除了会讲，还要设计舞台。有很多是从未接触过的技能，比如说制作表现展品的PPT、拍摄剪辑视频、搭配服装、设计音乐、舞美效果等。印象比较深的是我2015年参加上海市科普讲解比赛，给了我一个星期准备30道随机命题。我记得那段时间上海自然博物馆快要开馆了，白天各种接待忙个不停，新馆又有很多新工作制度需要建立，还要带新员工，日常讲解和比赛的新人都要带。到了晚上回家，我才有时间准备比赛。那年我第一次参加全国科普讲解大赛，拿了一等奖、最佳口才奖，成为"全国十佳科普使者"。再到后来我带我的学生去比赛的时候，规则更残酷，一晚上要准备30个讲解主题。我们组建"通宵群"，为了那一晚上的通宵提前确定好分工和流程，进行了多次预演排练，最后也获得了上海市科普讲解大赛一等奖。

有的时候我在想，比赛确实是很考验短时间的付出和表现，但获奖的背后其实是日常工作积累的深厚功底和专业技能。每天来参观的人那么多，我们的优势就是接触的观众多、与观众交流多，我们知道观众想听什么，我们每天都在根据观众的新想法更新我们的表述方式，通过观众的反馈检验我们的工作效果，这种跟人交流的技能是讲解员最大的收获。

金雯俐在上海科技节讲解国之重器

金雯俐在疫情闭馆期间做

开拓：新媒体平台的科普教育

问：上海自然博物馆的公众号以及疫情期间 B 站的直播都特别成功，您是什么时候开始做新媒体这方面的科普的？疫情期间的直播是如何进行的？

金雯俐：开新馆时我们创建了上海自然博物馆的微信公众号，上面发一点我们自己写的科普文章，也有一些约稿作者的文章。作者团队主要是展教中心的员工，包括一线服务人员，毕竟我们对馆里的资源最了解。我们官微做到现在已经有 100 多万粉丝了。

最初是为了满足疫情期间观众的参观需求，我们进行了 B 站直播，当时我们很多同事也不在上海，就由我去直播。那时候与上海联通合作，他们有直播的经验，借给我一个 5G 手机，我向他们学习直播要怎么推流、怎么拍摄、怎么同时看各个平台里面的反馈。一般直播需要好多个人配合，分别负责拍摄、打光、监控、互动、前期推广、网络保障、现场协调、截屏记录……但当时

天文馆开幕活动朗诵表演（右二金雯俐）

我的同事都在居家隔离，我只能自己做。第一次就在四五个平台同时直播，我拿着两个手机，一个以第一人称视角一边拍展品一边讲，另一个手机听声音、看反馈。每个礼拜播两次，测试两次，虽然是居家办公，但我几乎每周要去馆里四到五天。直播看上去没什么门槛，拿起手机谁都可以播，但正因为没有门槛，要留住人就特别困难，这是要和手机里五花八门的内容去"抢"观众。和现场面对观众的讲解不同，我在直播间里的讲解节奏会更快，更加频繁地跟粉丝互动，让他们更有参与感。第一场没什么信心，从第二场开始，观看量就翻倍了。截至开馆前直播了五、六期，每场都有三四十万的点击量。观众给我的反馈特别好，还有人会讲一些自己的看法，他们都看得非常认真。开馆后我们又和藏品中心建立了合作，打开库房，把珍贵的馆藏标本展示在观众眼前，再邀请我们馆里的研究人员出来讲述。一年间我们获得了700多万的直播热度，比现场观众更多。

问：您觉得科普教育在学习生活中处于什么样的地位？上海科技馆在科普教育中发挥了怎样的作用？

金雯俐：现在，各种科普资源也非常多，但对于普通公众来说，他们可能无法辨别真伪。上海科技馆开馆已经20年了，我们一直是认认真真在做科普。我们的活动都是免费的，希望用公益的科普鼓励公众多学习、多思考，通过正规的渠道了解一些真实的信息。如今，做科学决策的不仅是管理者和科学家，在这个网络时代，我们正看到所有人参与到科学决策中来，所以增加公众的科学知识、拓展科学思维特别重要，这就是我工作的使命和价值。

整理人：王智

能"说"会"演"的科普达人

口述人：徐湮

徐湮，1981年6月生。汉族，籍贯江苏无锡。中共党员，副研究馆员。现任上海天文馆展教中心教育研发部副部长，曾任上海科技馆展示教育处展教一部副主任、教育活动部副主任，长期从事一线展区管理、讲解和科普教育工作，带领员工投入到科普教育活动的策划和实施中。负责申报课题和研发项目，编写科学教育活动方案，开发科学教育课件，创立品牌科普项目，编创科普表演剧目，开展馆校合作项目等。先后荣获中国科技馆发展基金会科技馆发展奖辅导奖、全国优秀科普使者等多项荣誉。

从展品管理到科普教育

问：徐老师，您好！您能简单描述一下这20年上海科技馆科普工作的变化和发展吗？

徐湮：最早的时候，我所在的"展示教育部"被称为展示管理处，主要工作是管理展项。因为刚刚开馆的时候面临很大的客流量，首要工作则是帮助公众去操作馆内很多互动性的展品，讲解是辅助性的功能。在2007至2008年的时候，我们工作的重点发生了改变，从以前的"展品管理"逐步发展到以"科普教育"为主。随之一些教育活动慢慢产生了，类型也逐渐丰富起来，包括一些主题讲解、分层讲解都开始有了整体的设计和规划。到了2008至2009年，原先的科普形式又显得有些单一，我们就推出了"科普剧"这个新形式，用蕴含科学内容的表演和观众进行互动。2020年初新冠疫情发生后，直播这一块的工作慢慢打开了，比如像张文宏医生在疫情期间录过一段关于防疫内容的科学视频，点击量很高。同时，我们注意到自己展厅里的课程，每次名额投放出去，都会一抢而空。近期，我们也在考虑把更多的内容做成网络视频课，在科技馆的B站、抖音账号上向更广泛的受众传播。

"救火队员"话科普

问：你曾被称作馆里的"救火队员"，可以分享一下这个称号的来历吗？

徐潭：有时候碰到一些临时的展览策展，布展的时间比较短，那么留给讲解的时间也很短，在短时间内背诵大量内容是很困难的。但很多时候这些讲解又都会有领导参加，任务比较重。因为我讲解工作的经验比较丰富，加上领导的信任，很多次都是安排我去完成这类工作，而且效果也非常好，所以他们说我是"救火队员"。他们一直觉得我"背功"了得，其实我只是把内容的精髓部分挖掘出来，然后根据自己的理解变成适合我讲解风格的内容。比如说有一次临展叫"深海奇珍"，里面涉及一些罕见的鱼类，由于它们长得都各具特色，我选择通过图形记忆的方式去认识它们，出色地完成了讲解工作。

问：听说您现在也做讲解员的培训工作，是吗？可以简单谈一谈成为一名讲解员需要具备的素质吗？

徐潭：作为讲解员，就是要把专业化的科研成果用科普的手段去转化，即"科研转科普"的过程。在讲解转化的过程中，每一个讲解员都是要付出很大努力的，因为我们自己先要深度地理解它。比如我之前负责科技馆的讲解工作，里面综合性的知识较多，时常给人们一种"什么都懂得"的感觉。但其实每个讲解员的专业背景都不一样，在背后要付出很大的努力、很大的投入、很大的精力去了解相关内容。

此外，每个讲解员都会有一套自己习惯的语言体系。对于讲解工作来说，最开始我们每个人拿到的讲解词都是一样的，上面会有一些标准性的要求，比方说是用提问式的、陈述式的还是用悬念式的方法。之后，针对不同的受众和自己的讲解状态，每个讲解员会进行调整。有些讲解员是比较严肃的，像老师一样，这样的讲解员可能使用的专业性词汇就比较多，然后以名词解释的方法给大家科普。有些讲解员就会用讲故事的方式来开场。讲解有很多不同的方法，每个讲解员会根据自己的情况、个人适合的风格以及不同的受众来设计讲解的流程。

从"讲演"到"表演"

问：您之前有提到做"科学秀"这种创新形式，现在的情况怎样？遇到最大的困难是什么？

徐湮：我们在刚刚开始的时候，科学表演团队的人数并不是特别多，可能就五到六个人，后来慢慢发展，队伍就越来越壮大了。比如之前我在科技馆带队的教育研发部，整个部门二十多个人，可以做科学表演的成员能达到十几个。

徐湮参与科普援疆活动

徐湮团队在法国进行科普剧表演

回想刚起步的时候，因为我们都是半路出家，最大的困难还是没有表演方面的经验。那时候我们团队人手也不够，都是赶鸭子上架。在 2008 年的时候，上海科技馆招进来了一个毕业于上海戏剧学院的员工，他是比较擅长表演的，这样一来，就让我们可以把科学内容和表演相结合。紧接着，我们在团队内部展开一些培训。比方说从专业的角度，让我们解放天性，训练我们的面部表情、语音语调等，慢慢地把我们的基础打好了之后，再把科学内容植入到表演中去。

我们科技馆对外的第一个节目就是一个科普剧，主题是保护环境，教育人们不要破坏生态。这个剧后来也在全国比赛中得了一等奖，就这样，我们一步一步把名气做出来了。

问：你们曾被邀请到法国表演科普剧，可以谈一谈那一次的经历吗？

徐滢：最开始在 2011 年的时候，我们邀请了法国的表演团队来上海科技馆做培训。各个部门选出一些比较活泼的、适合舞台的人去参加。当时，我们被分成 4 个组，

徐滢（右二）参与上海科技节科学表演

徐滢朗诵《信仰之光》

排练 4 个剧目。这些剧目有点像沉浸式戏剧，要求表演要和展品、展区环境融为一体。这些剧目最后也都向公众推出了。后来，我们获得了法国科技节的邀请，从这 4 个剧目的人员里选拔出 6 名比较优秀的成员，去法国进行交流和表演。我也作为其中一员，把我们的作品带到了法国。

通过这次交流，我感受到两国对科普剧的不同理念。法国人天性浪漫，他们更多注重的是表演形式这一块的内容，有时候就是纯粹的艺术化处理。对于我国的科普剧来说，关键还是怎样把科普内容植入到表演中去，更多展现科普剧的科学内涵。通过彼此交流，他们也认同了我们的观念。

问：您从刚开始的讲解员到现在上海天文馆展教中心教育研发部的副部长，在这个过程中，您是如何理解自己作为科普工作者的责任和使命的？

徐湮：刚刚进馆的时候，馆里就会对我们新员工进行岗位培训，介绍展区的设计理念、讲解词和展品展项操作要求。我的岗位是展区管理员，主要工作是展示讲解和展区管理，与观众互动的时间就比较多，同时对观众的需求也有所了解。

不论我在做讲解工作还是做科学表演的时候，都会一直思考一个问题：如何提升我们的服务水平？每一个展馆在策划的时候，它都有一个目标：你要让公众来这里得到什么？对于上海科技馆来说，完成对大众的科普工作就是我们的目标。所以，不论在什么样的岗位上，只有时刻把自己视作科普的传播者，把我们的展示理念融入平时的工作当中，才能达到我们的初心。

在这个过程中，我们对于科普的理解也有变化。如果说以前我们只是想让大家知道一些科学知识，那现在我们更注重的是传授理念，包括科学思想的培育和科学精神的养成。我们希望公众能在跟我们讲解员交流的过程中，在现场观看并参与到科普剧的表演中，我们作为科普的桥梁，帮助他们了解一些科学精神、科学内涵。同时，我们也需要把一些科研工作者的经历和故事向观众分享。通过我们的展览和讲述的方式，与公众达成心灵的交流，而不只是单纯的知识传递。

将更多人带到科技馆

问：上海科技馆的观众以青少年为主，但其实成人受众也是科普教育的对象，科技馆想过如何吸引更多类型的观众吗？

徐湮：我们的科普工作是有分层教育的。我们在课程开发上就有面向成人观众的，也有面对老年观众的。比如在博物馆之夜的活动中，我们推出了密室活动，深受年轻人的喜爱。我们的展项就放在某一个小屋子里面，让大家用破案的方式去获得科学知识。此外，我们也设计

徐湮在职工子女夏令营讲课

了适合老年人的课程，比方说鼓励叔叔阿姨们自己动手制作（DIY），发挥他们心灵手巧的特长。在制作的过程中，每一部分都会有与科学相关的知识点。对于特殊观众，比如一些残障人士，我们也有相应的内容，上海科技馆就有一个盲人网吧。我们会考虑到面向各个群体的科普教育内容。

问：成年观众可能对科普教育有天然的心理防线，上海科技馆有哪些具体的做法鼓励这部分观众的参与呢？

徐湮：成年观众可能会觉得自己的经历这么丰富，有年龄和工作年限的积累，认为自己掌握的知识体系应该很全面。其实不是的，特别在社会上工作了一段时间之后，很多基础的东西他们都已经忘记了。比如说我们现在夏天防晒，依靠大气层可以过滤掉一部分的光线，很多成年观众并不知道过滤的是哪一部分光线、什么电磁波能穿过大气层到达地面上，但这些青少年反而是清楚的。我觉得对成人观众而言，很多时候需要面对的是一道心理防线。也许成人观众想来参与一些课程，但是又不好意思和青少年一起上课，所以我们会把一些全年龄段的课程标注为"18岁以上成人观众"，通过报名机制上的小改变，来消除他们的芥蒂。此外，我们还推出一些亲子活动的课程，就是希望家长陪着小朋友一起来参与，在增加他们亲密度的同时，也帮助成人来接受我们的科普教育。

整理人：曾宇琛

请勿攀爬
No Climbing

践行先进理念，打造业界标杆

口述人：陈颖

陈颖，1981 年 5 月生。汉族，籍贯山东泰安。中共党员，高级工程师。现任上海天文馆展教中心教育研发部部长，全程参与了上海天文馆的立项、建筑和展示工程规划设计与建设。负责了"家园"展区的展示策划，策划了许多面向社会公众的科教活动，

参与过《当代科技馆的建设与运营》《国内外博物馆科普教育活动案例与评析》等多本专著的撰写，曾获上海市科技系统三八红旗手、上海市科技系统优秀共产党员、上海科技馆"领航"人才、上海科技馆优秀共产党员等荣誉称号。

结缘科普，一路见证

问：陈老师，您好！您毕业第一份工作就选择来到上海科技馆，能和我们分享一下背后的原因吗？

陈颖：我是 2007 年正式入馆的，准确地说是 2006 年底开始实习，当时我还是一名在读研究生。上海自然博物馆刚开始启动筹建，有一个科技管理岗位的需求，我的专业是环境工程，与自然博物馆自然生态的内容有关系，所以就过来实习。经过一段时间实习，我觉得把科学成果一步步转化成展览，是一个很有意思的过程，就选择留在上海科技馆工作了。

其实我第一次来上海科技馆，只是恰好路过，但是看到建筑的外观就觉得非常震撼。后来"神舟六号"的实物展在这里举办，我和同学来参观，场面非常火爆。我想上海科技馆和这些展览那么受欢迎，一定有自身的原因在里面。我真正参与到这些工作中以后，这种体会就从模糊变得清晰、具体、真实了。

问：与您刚来时相比，您觉得现在的上海科技馆发生了什么变化？这中间有什么是不变的？

陈颖：谈到上海科技馆的变化，首先就是规模越来越大，从一开始的一馆到现在的三馆，像科普拼图一样。其次，它的受欢迎程度也是有目共睹的，多次跻身全球最受欢迎的博物馆之列。再者，上海科技馆还是一个先进理念的领跑者，在业界的领导力越来越强。不仅有先进的展示，而且在科普教育方面也取得了很大的发展，各种教育活动、作品展示在全国大赛中名列前茅。

在这些变化中，上海科技馆有两个特点却是一以贯之的。一是追求先进理念，不管是展览，还是教育，都是在不断对标国际水准、学习先进经验后，再融合我们自身的特点，进行综合的建构；二是追求一流品质，从设计到技术，始终追求高品质发展。

线上线下结合，智慧化展教

问：2021 年 7 月，上海天文馆正式向公众开放，这或许是人们对上海科技馆发展最直观的体验。您目前在上海天文馆从事什么工作？

陈颖：我目前的工作重心从工程建设转移到场馆运行上。未来的教育课程、公众活动的策划和实施，都是由我们展教中心的教育研发部来做的。现在我们在上海天文馆官网可以看到"儿童""星友圈""文创"这些新增的板块，这其实代表了我们整个线上博物馆的一个理念，目前还处于框架的构建阶段，但是接下来我们会慢慢把丰富的展示内容和相关资源充实进去，让它长期运行下去。

陈颖获科技系统"三八"红旗手

上海天文馆展示工程团队（前排右四陈颖）

问：上海天文馆希望把官网建设为一个功能完善的线上科普站点，而不仅仅是为了观众的实地参观而服务，对吗？

陈颖：对，接下来我们还会打造很多线上的学习资源，有小视频，也有慕课，甚至还可以做一些线上的临时展览。现在我们已经能通过三维扫描来线上参观一些场所，希望再做一些升级，比如加入交互，让线上观展的观众也能获得较好的参观体验。

别出心裁的"读星术"

问：您是上海天文馆三大主展区之一"家园"展区的主要策划人，您是如何围绕这个主题进行策划的？比起上海科技馆原有的展区，新展区有什么创新之处？

陈颖："家园"是一个大家一听就觉得非常亲切的主题，但正是我们身边最熟悉的内容，其实也是最难表现的，因为大家都有自己的看法，要打破一些看法并不容易。著名的教育学家皮亚杰曾经提出过"认知冲突"，指的是在认知发展过程中，原有概念和现实情境不符合时，我们心里就会产生矛盾。利用这样一个理论，我们在设计展览的时候，就从"似曾相识"的现象入手，引出大家意想不到的，或者是更为复杂的概念。当观众发现，原来还有这样的现象，或者说科学的解释与原来的观念不一致时，就能引导观众进行思考和联想。

举个例子，在太阳系的展示中，我们没有遵循传统

的天文展示，对太阳系的天体进行一一介绍，而是将不同行星上一些看似特别的现象加以提取，并同其他星球进行横向比对，寻找太阳系中天体的共同特征，如水、极光、火山、光环等，这些其实不是一个独特的存在，而是存在一定的共性。我们尽力展现最美的太阳系，让观众在感叹太阳系奇景的同时，引发太阳系行星同源的思考。

上海天文馆作为一个新馆，采用了很多符合当今潮流的先进媒体技术，比如 AR、体感互动、生物识别和大数据可视化，在硬件上创造性地运用了可互动的曲面拼接显示屏。为了诠释深奥的天文知识，我们甚至融入了很多艺术手法。主题装置项目遍布了整个天文馆，比如从"家园"展区到"宇宙"展区的长廊里，有一组静态的平面艺术展品，这是我们邀请国内知名艺术家以"恒星演化"为主题创作的三幅大型绘画，名字叫作《诞生 - 光明 - 耀灭》。再比如，我们选取了 9 个瞬间来诠释宇宙大爆炸和宇宙演化，每个瞬间的状态用一张切片来表示，把这些切片排布在一起，悬挂起来，艺术观赏性也是很强的。

问：您见证了上海天文馆从无到有的过程，这对您意味着什么？

陈颖：对我而言，这意味着满满的成就感。我女儿有多大，我参加这项工作就有多久。上海天文馆的展示工程从 2016 年我们就开始着手了，到现在也有一千多个日日夜夜了。团队里的每一个人都全力以赴，克服了非常多的困难，有的曾经生病住院，有的照顾不到家里的老人孩子。如果能给公众尤其是孩子们呈现一个最好的观展体验，我们团队的辛苦也是值得的。

科普工作者的初心之路

问：您认为当今科普工作者最重要的特质是什么？如何做好一场科普活动？

陈颖：科普工作者要具备能够敏锐发现科普点的眼睛，还要有深挖内容、寻找观众兴趣点的好奇心。策划一个科普项目，首先要进行主题的选择，切入点对观众来说非常重要。确定了主题之后就要考虑它的呈现形式。如果这是一个展示，那么我会思考需要什么形式，重点呈现的项目是什么？如果这是一个活动，那么讲座、交互活动、课程策划起来就要有针对性。确定了呈现形式的大方向之后，我们就要进行内容梳理。先要收集整理一些资料，资料的来源选择要谨慎，因为科普工作者必须对它的科学性要把好关。概览资料之后要形成一个逻辑线、一个框架，这是比较有难度的一步。所以说，前期大量资料的收集整理是非常重要的，因为有了充分的输入才能有输出。接下来就要做一个详细的策划方案，把内容、形式上的要求写下来，并且还要细化到参与的人数、需要的经费等，这是构想向现实落地的关键。对于活动来说后续还要进行一些必要的演练，在演练的过程中有可能还会发现很多问题，因为纸面上和现实中肯定是会有差距的，我们还要进行符合实际的修改和优化，最后才能向公众呈现结果。

不管是做展览还是做活动，我们的初心或者最终目标是希望能够有更多的人去观看它、了解它、认识它，所以主题必须是大家认同的、感兴趣的，能够为观众种下一颗好奇心的种子，这是一个观众导向的理念，而不是简单陈列一些信息。比如说上海自然博物馆做古人类的科普展示，常规来说可能会按时间顺序介绍原始人种，这当然是很全面的呈现，但是我们的策划不是这样考虑的，我们所选择的主题是基于"现代人和古人类的区别在哪里？古人类的每个阶段有什么质的飞跃？""开始用手创造工具""直立行走""用火""说话"等出发点去诠释，观众就会更容易接受和记忆。

问：您认为上海科技馆在科普教育中应该扮演怎样的角色？

陈颖：目前网上的资源真的很充分，但是网上内容的品质是良莠不齐的，可能观众没办法去分辨，那么再充足的资源也无法得到利用，这个是科普工作者应该关注的。所以我们在科技馆展品的更新改造中，或者是其他科普传播中，要对观众进行适当的引导，告诉他们哪些内容是合理的、科学的、正确的。因为我们不可能把所有知识直接灌输给观众，主要还是起到引导作用，用方法论帮助观众树立好科学观，让他们走出科技馆之后，依然能在科学的观念指导下汲取知识，这是很重要的。

整理人：曹诗芸

九个瞬间诠释宇宙大爆炸

上海自然博物馆建设团队（前排右四陈颖）

网络时代的"科技翻译官"

口述人：董毅

董毅，1987年10月生。汉族，籍贯山东青岛。中共党员，现就职于上海自然博物馆网络科普部，主要从事新媒体科普、科普剧编剧和表演、教育活动策划与执行等工作。结合个人专长，创新科普思路，带领团队创作了《科学史上的彩蛋》《多维的聚会》《螺说》《新知·自然》等多部知识类科普微网综、短视频，借助数字媒体，以喜闻乐见的方式让科普变得好玩、有趣。先后获得第五届全国科普讲解大赛一等奖、第六届全国科技辅导员个人赛二等奖、首届全国红色故事讲解员大赛优秀奖等。

在比赛中寻找"位置"

问：董老师，您好！您是什么时候来上海科技馆工作，之前从事过哪些工作？

董毅：我是 2017 年硕士毕业后入职上海科技馆的，研究生读的是华中科技大学教育管理专业，方向是科普人才培养，所以说跟科普比较对口。先后在上海科技馆展教中心、上海自博馆展教中心工作，从事讲解、课程开发、科普剧编剧与表演、科普短视频运营等工作。入职的前三年也参加了各类比赛，目前主要在做网络科普工作。

问：您在多项比赛中都获得了非常不错的成绩，您认为自己的优势是什么？比赛对您来说有什么意义？

董毅：我们做科普很重要的一个工作，就是要把科学知识传递给大家，所以说比赛也是一个技能的大比拼。国内每次重要的比赛，都会有我们上海科技馆的选手参加。

上海科技馆本身是比较独特的存在，一个大的博物

董毅在"开学第一课"上为学生讲解"一带一路"五年影像展

董毅在第五届全国科普讲解大赛决赛现场

馆集群不仅在中国很少见，在世界范围内也不多。它是"三馆合一"的配置，将科技、自然和天文融合在一起；再者，它有完善的机构设置，有研究、展览、设计等多个部门，整个功能配备非常齐全。这让我在代表上海科技馆去面对一些比赛或者是竞争的时候，还是比较有优势的。对我来说比赛的收获很大，让我不断看清自己在行业内的位置，认识到上海科技馆在全国的位置。人就是不断地去寻找自己所在的位置，才能不断进步。

问：您代表上海科技馆参加了多次比赛，您和您的团队是怎样准备这些比赛的？可以举一个例子吗？

董毅：比如说第五届全国科普讲解大赛，我们当时在选题方面有两个考量，第一是展现前沿科技，第二是突出上海特色。当时正值"蛟龙号"载人潜水器下潜成功，这个消息非常振奋人心，我们就选择了深潜器这个主题，当我得知上海海洋大学的深渊科学技术研究中心在做深潜器方面的工作，"蛟龙号"载人潜水器的副总设计师崔维成教授也在这里任职时，我就花了一天时间去调研，在现场听研究中心的工程师给我讲彩虹鱼（深潜器）的原理和功能。为了让内容更加浅显易懂，我们把中国科学家的精神和中国在科技创新路上的不竭动力作为主要传达目标，并把这个称为大国重器的东西简化成如何下沉、如何上浮这样一个问题。我们中间修改了十几次稿件，并配合多媒体的方式和自己的语言特点进行打磨，最终将它在比赛中呈现出来。

先有意思再有意义

问：网络科普的工作内容是什么？目前有哪些网络平台？

董毅：我们的工作说白了就是科技翻译官的角色。科研学者们有自己的一套理论逻辑，我们要做的就是用观众听得懂的语言来解构它，再进行科普传播。在解构的过程当中会出现"咬不动、嚼不烂、咽不下"的知识，我们会反复琢磨。在进行复杂知识简单化的时候，一定要保证科学性，所以我们在传播上要卡几个标准，首先要有科学审查，然后就是我们自己官方的审核。此外，作为一个新媒体平台，如何发声、用什么样的形象呈现都需要我们去逐渐打磨、架构。在平台方面，我们主要运营了微信公众号、抖音和 B 站等，定期会更新一些短视频内容。

问：网络科普和与之前线下科普有什么区别？在传播效果方面有什么不同？

董毅：线下科普时，我们在展厅里面基于展品，对现场观众进行辅导和讲解，讲解常讲常新，观众的反馈也非常及时。在线上的时候，我们会比较关注留言。不管线上还是线下，我们都是以开放、平等的心态面对观众。我也一直在跟团队讲，要先有意思，再有意义，观众可以通过看我的一系列作品，知道这个东西是什么，通过传递一个冷知识，让他们有一种心理满足感。

问：可以分享一下你们在抖音和 B 站的短视频创作故事的灵感来自哪里吗？

董毅：我们的短视频创作是基于本馆内的展品进行延伸，我们会把自己的展品融入一些脑洞大开的选题里面。比方说，踩到阿根廷龙的脚趾，它多久会感觉到疼？把北极熊搬运到南极，它会遇到什么问题？其实灵感就是来自馆内相关的化石标本和展品。

通常我们为了解决一个问题，会阅读相关的书，所有问题的出发点都是以自己场馆的展品作为一个基础，然后再把相关的文化延伸进去。

拥抱时代变化，坚守科普初心

问：网络科普这一块是上海科技馆未来的着力点吗？

董毅：对，在网络时代的大背景下，这是大势所趋，如何走好并走出自己的特色是迫切的问题。现在上海科技馆正在进行数字化建设，逐渐把过去线下的内容往线上搬，我们也会借鉴一些国外的经验。比如国外的一些博物馆，你要检索一个东西的时候，甚至可以找到它的采

自媒体节目《科学史上的彩蛋》

集年代、作者描述，包括这个标本资源的多角度照片等。当你下载资源包的时候，就等于是把整个报告拿到手，这个数字化需要一个常年大量的积累，我们现在可能更多地停留在作品方面。这也是一个长期积累的过程，把每一件展品的小故事，或者是每一个展品的小资源包做好了，然后供大家下载，最终会成为一套比较系列化的资源。

问：现在的上海科技馆和您刚来时相比有什么变化？在这里工作是怎样的体验？

董毅：我进入到上海科技馆的时间相对较晚，如果20年作为一个时间刻度的话，我是在它第16年时候进来的。上海科技馆积累了20年的口碑和品牌，甚至成为一代人或者两代人成长的记忆，这些是非常宝贵的。现在我们逐渐打造"24小时不闭馆的科技馆""家门口的科技馆""口袋里的科技馆"，在朝着"迎你进来"到"我主动走出去"这个方向走，也在学习一些同行的经验，更好地"跨界出圈"。我们觉得积极拥抱多元文化是大势所趋。

科普工作，我认为首先要一直有一帮年轻人在做，这是它可以发展下去的一个基本配置，年轻人要冲锋在前。其次就是年轻人在这个平台上能不能做事，敢不敢做事很重要，要鼓励年轻人能做事、敢做事。比如我所在的团队，成员比较年轻，大家会有很多新的想法，今天有想法，明天就策划出来，后天就实施，大后天看它的效果，这就是一套非常快速的反馈机制。

问：您认为科普的意义是什么？好的科普是什么样子的？

董毅：我觉得，对未知事物的好奇心是每个人的天性。真正做得好的科普，就是它已经成为生活中的工具，并能帮助我们形成对一件事物的科学判断——当我们在面对谣言时，不会被一些表面现象所误导，不会被一些社会情绪所裹挟，不会被一些伪科学的东西左右。

我们就是一个开门人的角色，帮大家打开一扇科学的大门，告诉大家门里面的东西有多精彩，一点点培养人们对科学的兴趣。这是一个潜移默化的过程，最终才可以实现人人皆是科学推动者的理想。

整理人：武菲菲

董毅为观众讲解科普知识

董毅在"四史"学习情景党课中扮演"钱学森"

26

走好新时代科普工作者的"长征路"

口述人：王亚雯

王亚雯，1991年12月生。汉族，籍贯山东威海。预备党员。上海自然博物馆展教中心展示服务部讲解员，文博馆员，曾两次赴京参与国家最高规格展览的讲解接待任务。2021年，经遴选，在建党百年之际，赴京参与"'不忘初心、牢记使命'中国共产党历史展览"讲解接待工

作，圆满完成了为国家领导人讲解展览的首场讲解任务。连续获得2019年、2020年上海市科普讲解大赛金奖、上海市十佳科普使者、2020年全国科普讲解大赛一等奖、最佳形象奖、全国十佳科普使者等荣誉称号。

从"帝都"到"魔都",人生的另一种可能

问:王老师,您好!您是2017年进入上海科技馆担任讲解员的,请问您之前从事过其他工作吗?您为什么会选择来上海科技馆?

王亚雯:在来到上海科技馆之前,我曾在北京的中国人民抗日战争纪念馆做讲解员,这和我如今在上海科技馆的工作有一些共性。选择来上海科技馆的原因可能要从我选择上海这座城市说起。在我的印象中,上海是一座让人向往的城市,它历史浓厚,是党的诞生地,又是年轻人心中的"魔都",充满无限可能。在来上海以前,我一直想尝试一种新的生活,寻找人生的另一种可能。上海科技馆是一座非常有影响力的博物馆,是行业内的佼佼者。我之前接触的都是红色历史,科技馆对我来说是从未接触过的陌生领域,所以看到招聘信息的时候,我毫不犹豫地选择了这里。来上海科技馆工作之前,我对科技馆充满好奇,偶尔会在脑海中勾勒自己未来的工作环境。来了之后,我感觉它更像一个"超级工厂"。我亲眼看到了一座年参观人数达400万以上的场馆是如何高效运行的。这里的一切,都给我一种"东方风来满眼春"的感觉,这些是我来上海科技馆之前想象不到的。

金牌讲解员的工匠精神

问:您在上海科技馆工作的过程中遇到的最大挑战是什么?您是怎么克服的?

王亚雯:工作中最大的挑战在于我没有讲过自然科学,对我而言,这是一个全新的讲解领域。所以在前期的讲解准备工作中,我要花很多精力和时间。在准备和学习

的过程中，会有很多不懂的地方，涉及的知识面也很广。这个时候，我会先把整本讲解词快速背下来，背的过程中我把不了解的内容做好标记。然后，我会一边去展厅找展品、对标本，熟悉线路，加深记忆；一边把自己之前标注的不明白的地方整理清楚。刚开始，我在看资料的过程中经常会遇到难以理解的内容，这个时候，讲解组的其他同事给了我很大的帮助，他们利用自己的专业背景，用通俗易懂的方式教我理解专业名词、生物分类等知识内容，帮助我快速消化吸收。此外，部门也经常会举办一些专业讲座和互动交流式的学习活动，这些让我能更快适应自然科学的语言体系。

问：请问在日常的讲解工作中，上海科技馆的讲解稿内容来源有哪些？

王亚雯：通常来说，讲解稿的内容是依据场馆的展览基本陈列设计，通过写作小组结合场馆历史、场馆设计和自然科学事实编写，并经由专家及领导审核定稿完成。我们在进入工作岗位后，都会拿到一份讲解稿。在日常讲解中，我们会结合讲解词、展线走位、个人的语言风格以及现在的科学研究去及时调整、增减内容。我们要经常去挖掘展品背后的故事，尽可能给观众提供新鲜有趣的讲解内容。

王亚雯荣获 2020 年上海市科普讲解大赛金奖、十佳科普使者称号

问：您获得过全国讲解大赛的金奖，您对讲解员这份工作有着怎样的理解与体会？工作中有没有什么印象深刻的人或事？

王亚雯：我认为选择讲解员这份职业，就要耐得住寂寞、经得住磨合。首先，讲解工作看似重复，可是每一场的观众都不一样，想要有高水平的讲解，就必须像一个工匠一样，去打磨自己的每场讲解，因人、因环境施讲。其次，我们面对的是八方游客，我们必须换位思考，及时理解他人的诉求，用爱心提供耐心周到的服务，让观众满意而归。我记得有一次讲解结束，有一位观众走到我面前。他对我说："讲解员同志，我想跟你说几点意见。"我当时以为是我哪里做得不好，内心还挺紧张的。这位观众年纪挺大，头发白花花，说话也不是很流利，他一边颤颤巍巍地指着展墙一边说："第一，我看下来感觉我们的地球太可爱了，有这么漂亮、美好、可爱的生命；第二，我感觉我们的地球太脆弱了；第三，我们必须要保护我们的地球，非常紧急。"我完全没想到他要跟我说这些，但是我非常感谢他向我表达了他的看法，这让我知道我们的展览是有温度的。

我工作以来，从未离开过讲解员这个岗位。我把青春全部挥洒在这个岗位上，对这份工作我内心充满感情。

王亚雯（前排左二）参加"砥砺奋进的五年"大型成就展讲解任务

王亚雯在"不忘初心、牢记使命"中国共产党历史展览做讲解

这是一条很长的道路，就像总书记说的"每一代人有每一代人的长征路，每一代人都要走好自己的长征路。"

问：之前听说您有两次赴京讲解的经历，能分享一下吗？

王亚雯：2017年，在组织的培养和推荐下，我有幸赴京参加了"砥砺奋进的五年"大型成就展。2021年，经遴选，我赴京参加了"'不忘初心、牢记使命'中国共产党历史展览"的讲解工作。在建党百年之际，作为展览的首场讲解员，我圆满完成了为国家领导人讲解展览的工作。在借调工作的过程中，我不仅完成了组织交给我的任务，还补充了自己的知识储备，提升了职业素养，这些都将为我今后在上海科技馆的工作添砖加瓦。

大馆的责任与担当

问：您是上海市十佳科普使者，上海科技馆也有形式多样的科普教育活动，您认为哪些最具代表性，可以简要介绍一下吗？

王亚雯：我认为上海科技馆之所以一直很重视科普教育，一方面是由大环境决定的，近年，国家的教育政策和方针都强调需要提供更高质量的教育，建立起全民终身学习的环境，这使得科技馆必须不断挖掘和设计形式多样的高质量科普教育活动以满足社会需要。另一方面，上海科技馆有非常强大的研究团队和丰富的研究成果，若不及时将这些转化为可以直接面向观众的教育成果，就削弱了众多研究成果存在的意义。通过设计更多更好的教育活动，可以把我们的成果及时分享给观众，也架起了我们与观众沟通的桥梁。

上海自然博物馆有很多精品活动，这些一直都是观众"打卡"的热点。比如近年来推出的"听·见万物"、电音博物馆之夜等。"听·见万物"是上海自然博物馆"我的自然百宝箱"系列活动内容之一，大家可以通过微信"夜听虫吟""听有虫"小程序，在线收集虫鸣并发布，利用人工智能进行声音识别，从而了解声音的"主人"。这个活动非常火爆，它把观众变成了科学家，既调动了大家借助现代科技手段参与探索自然的兴趣，又帮助专业的研究人员征集了"自然的声音"，助力城市野生动物的保护与研究。

问：这些科普活动一直深受大家的喜爱，您认为上海科技馆是如何做到的？

王亚雯：我认为可以用两个词去概括，即"以人为本"和"有教无类"。首先，"以人为本"是指我们非常注重收集观众反馈。在活动准备的前期，我们会尽量以满足观众需求、传播科学知识、提升公众科学素养等教育目的为主，实施过程中，我们会同时认识、了解、跟进观众，然后去改进、完善我们的活动，再把打磨过的活动推出去。此外，我们还有移动课堂，比如把活动送到学校和社区去，扩大我们的活动推广范围。教育活动是以人为对象的，只有做到以人为本，让人们浸润其中，才能深入人心。其次是"有教无类"，我们设计的教育活动，涵盖的年龄段跨度大，覆盖的人群众多，即便是有行动障碍的特殊人群，也能在这里接受到科普教育。例如上海自然博物馆的讲解员为了给特殊人群提供更贴心周到的服务，还特意学习了手语讲解。总之，观众在上海科技馆的学习方式非常多样，既可以坐在教室里学习，又能在展区里互动，还能在影院里享受视听盛宴，观众总能找到适合自己的活动。有了先进的场馆设施、优质的教育资源、耐心的科学教师，我们的活动自然就深受大众喜欢。

问：您认为上海科技馆在科普教育中发挥了哪些作用？

王亚雯：关于上海科技馆在科普教育中发挥的作用，我觉得可以用"传、帮、带"三个字来概括。"传"主要指我们的教育活动具有传播和普及科学的作用。"帮"主要体现在我们的社会责任上，近年来，我们每年还会举办科普援藏活动，这些活动使我们能把优质的教育资源分享给教育资源薄弱地区。"带"主要体现在我们的社会担当上，我们和几家单位发起成立的长三角科普场馆联盟，涵盖了专业场馆，也涵盖了高校、企业、科研机构等，通过强强联手，带动同盟单位共同发展，形成一条完整的发展链。

整理人：蒋超

王亚雯（左一）疫情期间在展区直播讲解

王亚雯准备讲解比赛

当好上海科技馆的"最强守门人"

口述人：陈彩红

陈彩红，1966 年 6 月
生。汉族，籍贯上海。
中共党员，经济师，
原上海科技馆检票员
工。从事检票服务工
作 20 年，坚守一线岗
位，严格执行上海科
技馆制度和检票标准，
积极提出提升检票服
务质量的合理建议，

热情帮助现场检票遇到困难的观众。先后获得上海科技馆先进个人、上海科技馆"金
点子"奖三等奖、上海科技馆"爱岗敬业"模范党员、上海市科技系统优秀共产党员、
上海科技馆"十佳服务明星"等荣誉称号。

从手工撕票到智能检票

问：陈老师，您好！您在这里工作了 20 年，亲自经历了上海科技馆的发展，就检票而言，上海科技馆发生了什么变化？

陈彩红：上海科技馆的变化体现在方方面面。比如我经历了上海科技馆从不限流到限流的过程。开始的时候上海科技馆完全开放，客流量很大，售出的门票都需要通过检票把关。外滩踩踏事件后旅游行业和博物馆执行限流措施，所以，上海科技馆的客流量也相对下降，一定程度上减轻了工作人员的压力。我还经历了从手工撕票到半自动化再到智能检票的历程，如今检票系统也已经是第三代了。我刚工作时检票大厅没有出入标识和检票设备，我就用一米线临时设置了入口和出口。大约一个礼拜后，上海科技馆安装了检票闸机，但因为票种和票价的差异就没能正常使用，仅起到栏杆作用，所以当时是全手工撕票。2006 年使用的手持检票机是第一代系

陈彩红（左一）和票务系统技术人员现场沟通

统，2016 年使用的闸机检票是第二代系统，两个系统都是半自动化检票。2021 年 6 月上海科技馆使用了智能检票系统，票种也越来越多，除了已有的成人票、学生票、老人优惠票等多种票样，新增的免费票种已经覆盖了 11 种人群。我提出了制作家庭会员票的建议，并因此获得了科技馆 2007 年度的"金点子"奖三等奖。

问：上海科技馆经历过多代票务系统的更迭，检票手段也越来越智能化，您可以介绍一下系统更换和新旧系统交替时检票工作面临的困难吗？

陈彩红：举个例子，2016 年上海科技馆启用了闸机检票，新系统刚刚投入使用，总会出现各种问题。我每天都会记录这些问题，并在每次的专题会上汇报这些情况。我知道别人为此也付出了很多，在闸机使用的第一天上午，信息中心的项目负责人陈聪就到现场和我并肩作战，积极介绍新系统的使用方法和步骤，所以我在别人的努力成果基础上，及时反馈情况。针对新系统的问题，我和陈聪下班以后也经常电话沟通。他很负责，出现问题做到随叫随到，休息日也会及时回应。我们在不断沟通交流和实际操作的过程中对检票要求、设备性能越来越熟悉，我们自己先搞清了状况再指导检票团队的成员进行操作，同时及时编写操作流程，培训传授操作技巧。经过通力合作，半年以后检票状态就相对稳定了。

问：您可以谈谈对上海科技馆使用信息系统检票的看法吗？

陈彩红：信息系统检票既能准确快速地检票，又能减少观众的滞留时间，体现了技术进步的能效。检票口是上海科技馆前沿阵地的一部分，让观众快速安全地进入科技馆是我们服务的内容之一，缩短等候时间是观众的期盼，所以检票系统要朝着先进技术方向提升，这样也可以体现上海科技馆的技术含量。

检票就是要守护形象

问：检票这份工作看似简单但背后又有学问，您认为检票工作的原则是什么？

陈彩红：这份工作既要维护好科技馆形象，又要服务好观众，要让观众乘兴而来、满意而归。观众该享受的优惠要及时告知他，他是否享受由他自己决定，但若不告知则是工作人员的失误。当然，部分观众想享受自己不该享受的优惠，比如借用他人的优惠凭证购买优惠票，像这样的情况检票员就要迅速判断，并用真诚的服务态度讲解入场制度，确保上海科技馆制度的贯彻落实。

问：检票团队是如何把上海科技馆的检票标准落到实处的？

陈彩红：检票团队需要认真学习馆里的规章制度，整理检票票种证件验证规定表，提前思考操作中可能遇到的问题。纲领性文件一般比较理论化，可检票工作需要可操作性，为此我会通过网上学习和翻阅资料细化操作要求，以准确核实凭证的有效性。比如 70 周岁的老人忘记带免费凭证怎么办？我冥思苦想，整理出了出生年份和对应生肖，年年更新，解决了此类的入场问题。残疾

2020 年因疫情短暂闭馆后，上海科技馆恢复开放迎来首位观众

2019 年春节大年初四的客流创上海科技馆 20 年来的历史最高

人士忘记带残疾证怎么办？我上网学习，找到了残联的"二代残疾人证查询服务"，来应对这个问题。因为疫情上海科技馆曾闭馆 42 天，会员卡延用有效日期的推算成了一个问题。我当时想出了倒推法，假设今天使用的日期是最后期限，然后往前推 42 天来核验，我把这个技巧告诉团队，把方法写在了检票口提供参考。

问：上海科技馆人流量很大，请问高峰时期观众会有抱怨吗？高峰期来临时您和检票团队是如何保证观众快速进入以维持入口秩序的？

陈彩红：团队检票有两个阵地，一个是室内，还有一个是供团体检票的 1 号门广场。暑假酷热难耐，会引起观众抱怨，我们会采用放冰块、撑遮阳伞、安置冷风机的措施降温防暑。馆里利用建筑遮蔽下的阴凉处为没有进场的团队提供遮阳处，若遇到恶劣天气，我就赶紧联系值班长和后勤保卫处，申请使用其他区域使团队快速分流进场。高客流时期唯一有效的措施就是灵活地调配和利用所有的人力资源和通道，第一时间让观众快速进场，排堵的最好方法就是就地解决。比如散客检票通道人少时就可以变为团队进场通道，检票机发生故障时就要快速引导观众走两侧的玻璃门通道，防止观众滞留。

这是党员应该做的

问：作为一名党员，您是如何在日常工作中发挥党员先锋模范作用的？

陈彩红：我认为党员要摆正自己的位置，在岗位上做好自己的事情，勇于承担责任。检票团队是由事业编制工、企业编制工和明华物业员工组成的团队。我是检票团队里唯一一个上海科技馆员工，有工作经验，又是一名中共党员，所以承担着检票主管的工作。我觉得自己应该挑起这份重担，做好本职工作的同时把这支队伍凝聚好、指导好，不辜负共产党员的称号。当时没有人要求我去做这件事情，但我觉得这是一名党员应该做的。20年间，我克服管理体系差异，带好这支混合编制队伍，守好上海科技馆大门是我一直坚持的理念。指导别人首先要自身业务技能过硬，工作以外可以当朋友，但是工作上不能讨价还价。我会给他们进行理论学习和实践操作结合的培训，也会定期地检测和考核培训效果。我通过每天开晨会来培养员工的服务意识，提升队伍的服务技能。晨会可以用来总结和纠偏，我会把今天的客流预报、服务要求和活动须知等告诉大家，对近期遇到的服务问题进行交流，方便解答观众提出的问题。

很多事情一定要亲力亲为，亲自做了才能写出操作性强的指导流程。1号门外检票处被称为严寒酷暑之地，我作为党员就带头去现场执勤。有一次1号门因为外围观众不了解限流突发了冲撞安检事件，我当时就和另一个同事用身体挡在了安检前口，起到了缓冲作用，使得涌入安检口的每一位观众都安然无恙。

陈彩红（左一）通过晨会提升团队服务意识

上海科技馆领导慰问检票团队员工（左一陈彩红）

问：从业 20 年以来有什么让您印象深刻的人或者事吗？

陈彩红：2010 年的一天，在 6 号门检票口，来现场巡查的馆党委书记毛啸岳，看到我正极力阻拦一位拿着非本人会员卡的男士强行闯入第二道门，他就帮我一起劝阻。结果那位男士大怒之下推了毛书记。我很惊讶，也很担心毛书记会受伤，因为他当时已经接近退休。党委书记为了支持我们一线员工的工作挺身而出，所以我们在坚守岗位的时候一直都不孤单。

还有一次，有一位男士拿着和他年纪、相貌相仿的其他人的会员卡要求进馆，我从脸部轮廓和细节的地方就看出那不是他本人的会员卡，那位男士却坚持说就是他本人，现场一度僵持。我随即把他移位到检票口旁边，和他进行沟通。20 分钟后，他补票进馆了。

这样的情况不少，有时候观众会站在利于自身的角度上看问题，使得这份工作得不到谅解，但检票员必须要做好把关，用事实和专业技巧说服观众。

这是一份很平凡的职业，注定没有惊天动地的事情，但也不是往那里一站就能简单解决问题。服务性行业有挑战性，但是只要用心做、踏踏实实做就能做好。当我穿上工作制服的时候就要快速融入工作氛围，热情尽心地服务好每一位观众，面对观众不理智、甚至出口辱骂的时候也要心平气和，对其耐心劝导，管理不好情绪就做不好这份工作。站到工作现场，我代表的就是上海科技馆乃至上海的形象。

整理人：冯俊婷

科普舞台三转身，志愿服务一辈子

口述人：李笑和

李笑和，1947年7月生。汉族，籍贯上海。群众，文博馆员，上海市志愿者服务基地、上海科技馆志愿者服务总队创建者之一，上海科技馆志愿者服务总队原组织者。曾组织数十万人次志愿者开展科技馆科普活动，首创全天候志愿服务模式、志愿者自我管理机制。曾获上

海科普教育创新奖优秀科普志愿者一等奖、上海科技馆志愿者活动突出贡献组织奖，三次荣获上海市优秀志愿者组织者称号，两次荣获上海市优秀志愿者称号，并带领上海科技馆志愿者服务总队荣获"全国学雷锋志愿服务'最佳志愿服务组织'"称号。

问：李老师，您好！ 2001 年上海科技馆开馆时，上海科技馆志愿者服务总队诞生。作为创建者之一，请您谈谈上海科技馆志愿者服务总队的创建过程。

李笑和：上海科技馆志愿者服务总队能够成功创建，首先有赖于科学的顶层设计。由市文明办、市教卫党委、团市委、市志愿者协会和上海科技馆党委五方牵头，我们以"科普、志愿、文明"为目标，力图将上海科技馆建设为上海市志愿者服务基地，吸纳众多社会志愿者共同建设全国科普教育基地，使上海科技馆成为社会主义精神文明窗口。

在此基础上，我们着力打造上海科技馆志愿者服务总队的特色品牌，在全国范围内首创全天候的志愿者服务机制，即"招募—培训—上岗—总结—交流—表彰"。为了解决志愿者供不应求的问题，我们搭建了联合高校、市民和科技馆党员志愿者的平台。通过高校平台，我们联合上海 50 余所高校，在市教卫党委的支持下，结合高校学生道德教育工作，为上海科技馆稳定输入学生志

上海科技馆志愿者表彰大会（右三李笑和）

愿者。通过市民注册平台，我们面向全社会公开招募，经过严格的政审和测试，依照相关标准遴选出高水平的市民注册志愿者，将其培训上岗。在寒暑假和黄金周游客高峰期间，组织上海科技馆党员志愿者服务一线。通过共建平台，我们还与事业单位和社会团体合作，组织其内部队伍前来志愿服务。整体而言，三支队伍各有千秋：高校队伍具备过硬的专业素养，市民注册志愿者队伍兼具专业化和常态化的优势，共建队伍可以提供特色化服务。每年三月结合"学雷锋活动"开展志愿服务交流表彰活动，弘扬社会正能量。

我清楚地记得，2001年上海科技馆开馆后，我们进行了市民注册志愿者第一次招募。能招到多少志愿者呢？当时我们自己心里也没数。然而短短几天，我收到的申请信多达520封！接下来，我们就开始筛选。首先，我们做了与众不同的一步——对每一位申请者进行政治审查。这是因为上海科技馆是市精神文明窗口，科普志愿者是精神文明的建设者，其政治素质至关重要。于是我们发出政审函到申请者所在单位审查，确保其具备合格的品行。其次，我们又进行了笔试、口试和面试。申请者们个个严阵以待，准备了厚厚的参考资料，上海的城市面貌、科技的发展情况、社会主义精神文明相关理论等知识信手拈来。几经考核，我们选拔出了250名志愿者。他们热情高涨、知识过硬，和来自各高校、各共建单位的志愿者们一起，在我们的前期志愿者服务工作中起到了定海神针的作用。20年来，上海科技馆志愿服务总队始终扎实推进三大平台的建设，全面整合社会资源，为科普宣传工作集中最大力量。

设计师：打造时代的前行者

问：上海科技馆志愿者服务总队创建完成后，您转向团队的组织工作，独创管理模式，建设了一支具有强大凝聚力的队伍。请您谈谈在组织管理方面取得的成果。

李笑和：我们的志愿者队伍都有相当高的专业水平，尤其是市民注册志愿者，不乏一些有高级职称的专家。总队初建时，面对手下庞大的志愿者队伍，我也曾感到过棘手。当时甚至有人和我打赌，说这支队伍撑不过一年。因为第一批志愿者上岗时，我面临的是新的场馆、新的人员和新的管理模式，一切都需要在短期内磨合。在上海科技馆党委的领导下，我最终还是想到了解决办法：不仅让志愿者们到各展区配合常规工作，还让他们充分发挥专业特长进行工作创新，尝试自编讲解稿、开设科学小讲台、创办墙报小报、举办科普讲座、制作科普多媒体等，让上海科技馆的志愿者品牌深入到社会，从而点燃志愿者的服务热情，激发队伍的创新活力。

在实践中，我探索出了志愿者自我管理模式，将众多志愿者按专业分组，再选出各组的召集人，下放组内的管理工作，通过层层对接实现分工与排班。同时，在上海科技馆展区的支持下，我们组建志愿服务管理班子，全方位统筹志愿者工作。这样就实现了志愿者队伍的自我管理、自我服务。这些志愿者兢兢业业，常常能提出不少创新性建议，也让我大为受益。

为了增强队伍的凝聚力，我们经常举办活动，让志愿者队伍真正团结为一个大家庭。我们举办新春联谊会、交流会，促进志愿者之间的交流沟通；举办年度表彰会，按照个人贡献程度颁发奖项，表彰先进；举办志愿者总队 3 周年、5 周年、10 周年、15 周年纪念活动，载歌载舞纪念那些激情燃烧的岁月。在这些特殊时刻，原本轮流上岗的志愿者们欢聚在一起，共话初心。那些难忘的志愿者故事，也被我们编写成《心中飞出的歌》等读本，传播的范围很广。

问：如今上海科技馆志愿服务总队已历经 20 年风雨，却经久不衰，仍然熠熠生辉，您觉得是什么在支撑团队不断前行？

李笑和：支撑上海科技馆志愿服务总队前行的，最重要的是我们与社会发展紧密相连的与时俱进精神。志愿者是为社会做出贡献的前行者、引领者，所做的事业至关重要。社会发展最终需要一个群体去探索落实，科普志愿者正是高速发展的科技与群众之间的媒介。如果把上海科技馆比作舞台，志愿者们就是登台唱戏的角色。我们以科普宣传为基础，用自身的行动普及科学知识，播撒文明火种。与此同时，上海科技馆的内容日新月异，也促使志愿者们紧跟科普发展的脚步，给自己"充电"，在奉献中提升自我。

李笑和（左二）参加年度志愿者大会

上海科技馆十五周年总结表彰大会（左二李笑和）

问：随着时代发展，上海建设全球科创中心的步伐逐渐推进。上海科技馆志愿服务总队在提升上海文化软实力的过程中扮演了怎样的角色？

李笑和：志愿者服务工作是随着上海科技馆工作的发展而发展的。从一开始的6个展馆，到现在的12个展馆；由单纯的展馆，到如今不定期的临展和科学小讲台等新活动；由一个上海科技馆，到今天的上海科技馆、上海自然博物馆和上海天文馆三馆开放。随着上海科技馆科普领域的不断扩大，志愿者的服务领域也在不断扩大。我们不断提高自我要求，努力走出独特的科普之路。如今，我们开放市民注册志愿者网络招募平台，广泛召集志愿者，同时理顺展区工作、拓展服务业务，在讲解等常规项目之外还积极打造志愿者内部的亮点：我们集中了志愿者队伍中的科普资源，在市教委相关部门和高校的支持下，先后举办"上海高校民族文化博物馆联展""美丽中国梦、校园民族风"等大型展览，并设计策划"志愿者玩科学"等科普小节目，让上海科技馆志愿服务深入社区、学校甚至部队。

在上海科技馆志愿者之间，流传着不少供内部交流的"小本本"，里面密密麻麻记满了志愿者们四处搜寻而来的讲解资料、与观众沟通交流的经验和反思。我们注重寓教于乐，不断改进提升，让科普真正进入观众心中。

李笑和（前排右一）带领志愿者团队进行科普服务

李笑和（右一）与志愿者交流

追梦人：退而不休坚守公益

问：从创建者到管理者，再到退休之后，您仍然选择做一名普通的志愿者，继续运营"老李说"微信公众号，投身志愿服务工作。这一过程中，您感触最深的是什么？

李笑和：其实我一直在志愿者队伍之中，从来没有离开过。大家都在一个"好人圈"里，我总是为志愿者们的献身精神深深感动。一开始，我把志愿服务当成工作，而进入团队以后，我把志愿服务当成责任。科普是责任，文明是责任，是每个人应该承担的责任。以至于退休以后，我仍然觉得公益是最美的。

尽管自媒体工作对一位七旬老人来说困难重重，我仍然坚持要做"老李说"公众号，继续述说志愿故事。一方面，是为了续情，为一份20多年来对志愿者工作抹不掉的感情；另一方面，是为了圆梦。在我做管理者的时候，科技尚不发达，许多志愿者心中的激情无处诉说。我希望为他们搭建表达的平台，替他们呐喊。有这样一位志愿者，在参与志愿工作后不久，爱人不幸瘫痪，家中孩子还小，但她仍抽出精力来做志愿者，一做就是十几年，令许多人难以理解。当我在公众号发了她的自述文章之后，她激动地对我说："李老师，我把这篇文章转发给我的亲朋好友，让他们知道，这十几年来我究竟是为了什么！"

我认为志愿服务不仅仅是简单的一份工作，更是社会治理的一部分，是公民的责任和义务。如果每个志愿者都在服务中得到自我提升，就能感染到更多人，助力社会更好前行。

整理人：江婷婷

在科普殿堂拓宽生命旅程

口述人：傅向东

傅向东，1955年6月生。汉族，
籍贯上海。中共党员，上海健康
医学院退休教师。上海科技馆"人
与健康"展区志愿者团队召集人，
上海健康医学院学生志愿者团队
负责人，上海健康医学院青年志
愿者协会理事长，连续20年在
上海科技馆担任科普志愿者，并

带领健康医学院学生加入志愿者队伍。曾获评2020年全国最美志愿者、2020年上海
市新冠肺炎疫情防控优秀志愿者及4次上海市优秀志愿者。

从三尺讲堂到科普殿堂

问：傅老师，您好！您是上海科技馆第一批培训上岗的市民志愿者，且一上岗就坚持了 20 年，科普志愿生涯几乎与上海科技馆同龄。您当时为何选择来到上海科技馆开启科普志愿者生涯呢？

傅向东：2001 年 12 月 18 日，也就是上海科技馆开馆之际，我已经在健康医学院当了 23 年老师。当时我只教专业课，在我的空余时间，我一边旅游，一边给社区做每月一次的健康咨询。我长期负责《医学实验动物学与技术》这门专业基础课，但许多人不明白它是讲什么的，更不知道动物实验对新药研发的试炼价值。进一步说，如果说老师的知识如水，那么我在专业课上也只是把桶里的一点点水浇给学生，浇不完的很多知识可以流入公共领域，在公众面前用最普通直白的语言表达出来。于是我自然产生了要将课堂内外的医学知识讲给别人听的愿望，但开馆前上海的主要科普功能被少科站、文化宫和学校承担，提供给我的科普平台并不多。

上海科技馆开馆的新闻让我既振奋又期待，在 2001 年 12 月 18 日开馆当天，我便带着全家一起买票参观。一出地铁，我们就看到气势恢宏的上海科技馆。而联想到这座设计新颖的宏伟建筑前不久还被用作 APEC 领导人非正式会议的主会场，我就觉得自己得跟上时代潮流了，如果能够在这样的一线科普场馆进行科普，我一定要抓住这个机会。

进馆后，我看到基因寻觅展区有"人耳鼠"——背上长着人耳的裸小鼠的介绍展板。身边观众都好奇其中原理，因我自己的授课与这有关，又未见讲解员在场，我便义务向观众讲解，告诉他们这是科学家利用裸小鼠先天性免疫缺陷，将生物工程材料植入其体内的结果。未想不仅有许多人愿意听、感谢我，而且有人追问问题，这更激发了我来馆里做科普的信心与兴趣。于是我继续从人耳鼠的科学现象拓展到基因学的科学原理，捎带讲了讲令大众困惑的多利绵羊与药物奶牛。

大概过了几十天，上海各大报纸都登出了上海科技馆招募科普志愿者的启事，要求报名者有中级以上职称、与科技馆相匹配的专业背景，并具有比较高的政治素养和身体素养。我学生物技术医学，是适合讲解"生物万象""生存智慧""探索之光"这些展区的，又因奉献知识的强烈愿望，且平时坐地铁 2 号线去科技馆也很方便，就马上报了名。在经历笔试、面试、政审和培训后，2002 年 5 月 1 日，我成为上海科技馆第一批上岗的市民志愿者，正式开启了自己的科普志愿者生涯。

激发青少年对科学的热爱

问：您主要在"人与健康"展区从事科普讲解的志愿服务，作为热门科普讲座"达人话健康"主讲人，将人体系统讲解得通俗有趣，受到许多观众的喜爱。在您20年志愿服务期间，您主要从事了哪些具体工作？与上海科技馆、观众都有哪些令您印象深刻的互动经历？

傅向东：上岗后，我在一期工程的"生物万象"展区服务，为观众讲科学原理的故事。2005 年二期展览开放，我来到三楼"人与健康"展区的"食物的旅行"展项服务。这个展项现在也是上海科技馆最受欢迎的项目之一，经常有家长向孩子解释参观过程中看到的口腔、肠胃等生理现象。但我经常发现家长说得并不全面，也不科学，因此我们后来推出了"科学列车"教育活动，利用车上的人体模型结合"食物的旅行"展项拓展、细化消化系统的科学原理。一场讲座大约有 30 分钟，还有 10 分钟的互动提问。在"科学列车"取得不错的反响后，我们又设想将科普主题从与展项匹配的消化系统延伸到九大系统，每周轮流来讲这几个方面。例如，新冠疫情暴发后，我们就在呼吸系统的讲座上讲解新冠病毒如何通过气管和支气管进入肺部后大量滋生，从而导致肺泡无法工作。

在这个过程中，我也感受到上海科技馆对志愿者莫大的信任与支持。比如，一开始我从学校带来的模型、病理标本是很小的，上海科技馆发现后马上就购入了更大、效果更好的模型。另外，从最初的小推车到专门大列车再到能够坐满百人的人体剧场，上海科技馆也在不断提升"科学列车"的规模。

观众给予我的反馈也非常丰富。印象最深刻的是2003年我讲解人耳鼠时，有一位高中生说他感觉这种现象很奇妙，甚至问我在哪可以学生物材料，我就向他介绍了研究生物材料的复旦大学生物工程系。第二年暑假，他又来参观，还送给我糖果，并告诉我因为喜欢生物，他已经考上了复旦大学。上海科技馆的展项启发了青少年对科学的热爱，科普志愿者则像中间桥梁般引导热爱的方向，两者都是很有意义的。

问：这二十年来，以您上海科技馆志愿服务总队一员的角度，您对科普工作有什么感悟？

傅向东：上海科技馆志愿者服务总队的宗旨是以上海科技馆为基地，动员和组织全社会科技力量，以志愿者的形式，积极参与上海科技馆各项科普宣传活动，共同促进上海市科普教育事业的发展，促进科学技术的普及。科普工作除了要求扎实的专业背景，也要有许多沟通技巧。2017年，我获得上海市"优秀科普志愿者奖"一等奖。评奖时一位评委提问到对性格迥异的对象进行科普

上 | 傅向东参与"科学列车"活动

下 | 傅向东讲解人体结构

有什么关键点？我回答，关键点是抓住受众的心理，抓住了才能更好地组织语言，受众才愿意听、听得懂。比如，我会看一些动画片来学习和孩子们沟通的通俗语言，来区分大白话以及穿插着科学用语的科普大白话的适用情景。

但使用大白话并不意味着科普工作难度的减弱。现在观众提出的问题往往维度更多、也更深入，这其实反映出 20 年来大众科学知识结构的进步，也意味着科普工作对我提出的要求更高了。科普志愿者要提前提升知识结构，才能既把科学原理讲清楚，又能联系生活给出精准化的解答。

志愿服务是拓宽生命的旅程

问：在您的带动下，健康医学院涌现出一批批活跃在上海科技馆展区的学生志愿者，科普志愿服务事业也在馆校合作下得到绵长发展。在上海科技馆长期的科普志愿经历为您个人和学生带来了哪些收获？

傅向东：我 2005 年开始在健康医学院做兼职辅导员，次年就带动学生们和我一起来上海科技馆"人与健康"展区做志愿者。2015 年 6 月 1 日，我临近退休，又和学生到新开的上海自然博物馆做科普志愿者。2016 年至今，我们还将志愿服务和党建结合起来，发扬奉献精神的同时发掘优秀学生。我们的学生在科普志愿服务中不仅能学到新知识，也能培养出主动服务意识和医学职业热情，乃至改变今后人生中的行事作风。现在，健康医学院的学生们已经是每年上海科技馆志愿服务人数最多的志愿者队伍，也多次获得了上海科技馆的优秀志愿者集体荣誉。

就我个人而言，我向社会奉献了个人时间，社会公众也向我提出了很多科学问题，促使我不断学习，形成我现在积极主动的生活方式。比如我会放弃一些旅游时间来阅读科普书籍，在参加自然博物馆服务前查资料来补充医学生物领域以外的动物知识。从开馆到现在，我已经坚持了17次在大年初一进馆讲解，并在志愿者岗位上奉献了一万多小时，这一万多小时就是一场拓宽生命的旅程，让我从一位医学老师成长为一位能够科普知识和各个年龄段受众打交道的科普志愿者。

整理人：刘仪

上 | 上海科技馆精神文明十佳好人好事（后排左二傅向东）

下 | 傅向东带领健康医学院志愿者参与 2019 年上海科技节（二排左一傅向东）

10万平方米场馆如何配合运营

口述人：陶燕华

陶燕华，1953年12月生。汉族，籍贯浙江绍兴。中共党员。1999年至2006年在上海明华物业公司，先后参与了上海城市规划展示馆、上海科技馆等场馆的运营管理。2000年12月作为明华公司项目组负责人之一，参与了上海科技馆物业管理项目投标工作。

作。2001年1月到2006年1月，出任上海科技馆物业管理中心总经理，负责上海科技馆运营管理服务，为上海科技馆成功运营、树立品牌提供了重要支撑。

问：陶老师，您好！您曾经就职的明华公司，是上海科技馆物业管理工作的执行方，您能否回忆一下当时的工作？

陶燕华：面对一座 10 万平方米规模的公众场馆应该如何运营？当时，其实所有人都缺乏经验，我们在投标方案里把能想到的各种管理思路、管理方法都写出来，包括场馆运营管理、参观者服务、安全保障、环境保障、建筑设施设备运维管理等。大到客流高峰管理，小到玻璃外立面的环保清洁工艺，各种技术难题和管理难题都需要提供解决方案。

我们带队伍进现场之后，就启动了上海科技馆建设项目的物业承接查验和物业接管验收工作。物业承接查验工作就是对建设项目的工程量、工程质量、设备单机调试、设备系统联动调试及设备系统运行绩效进行现场稽核和验证，为项目竣工验收做好准备。物业接管验收工作就是我们代表业主单位，从建设总包单位手中把上海科技馆建筑设施设备整体接收过来。这是个很复杂的过程，当时工程项目还处于施工阶段，建筑内外布满脚手架，我们头戴安全头盔，脚穿长筒雨靴，全靠手电筒

上海科技馆游客服务中心

防汛设备检修

在工地现场日夜开展承接查验工作，当时确实是非常艰苦的。据统计，上海科技馆建筑设施设备经承接查验后的接管验收总量达到5.8万项次。

APEC会议期间，馆方几乎将全部精力都投入了会议准备中，我们的项目团队也是全程驻守在严格封闭的场馆内做好现场服务保障工作。正式开馆前，我们又在短时间内完成服务人员的招聘入职、岗前培训，使其具备了游客中心服务、全程讲解服务、贵宾接待服务、影院服务、会务服务、纪念品销售服务等各项服务技能，完成了现场参观者服务设施准备和物资准备，做好了应对大客流的各项准备工作。

问：开馆的各项准备工作确实是非常紧张。那么在试运营期间，有没有遇到一些之前预估不到的问题？

陶燕华：当时广大市民对新开放的上海科技馆非常热情，我们面临最大的问题就是面对高峰客流。那时候不像现在可以网上预约，参观者都是要到现场来买票的，并且上海科技馆门票的种类还非常多，所以就需要采取限流措施。并且当初的上海科技馆开放区域只有一楼展区对外开放，客流压力非常大。当时面向地铁出入口提供售票和游客进出的6号门区域，大门玻璃都因拥挤的客流内出现损坏，馆内自动扶梯也多次因客流爆满而故障停机，各类问题层出不穷。

那时，我们每天下班后会总结当天的客流情况、产生的问题，及时提出解决方案，第二天马上贯彻落实。我们还对行之有效的方法进行知识管理，形成管理制度和服务规范。我们拟定了《客流高峰应急预案》，现场服务人员按应急预案有序开展高峰期客流管理；拟定了《中小学生团体参观管理办法》，要求有关人员提前联系次日组织游览的学校和教师，让他们事先告知孩子们应该遵守《上海科技馆参观须知》，学生团队乘坐的大巴到达停车场，我们会安排专人对接，安排学生团队走团队进馆的快速通道。在强有力的管理举措多管齐下，保障措施持续出台的应对下，上海科技馆运营秩序逐步进入了有序状态。管理中心也在客流高峰持续考验下的首个年度形成了"管理体系 1.0 版"，包括上海科技馆运营管理日报表、月报表、年度报表、完整的管理制度、岗位作业指导书、员工培训手册等，这些知识成果奠定了我们创建"公众场馆运营管理体系"的基础。

管理体系建设和员工队伍建设两手都要硬

问：您刚才谈到管理中心在上海科技馆开馆运营首个年度就形成了"管理体系 1.0 版"，请问您是否还有 2.0 版或更多版本？

陶燕华：ISO 国际标准化组织把产品定义为"硬件、软件和服务"三个类别，根据这个标准定义，上海科技馆为社会公众提供的是科普教育类公共服务产品。我们认为，既然是产品，就会有性价比，其价值是可以测量的。但上海科技馆这个服务产品是一种非常复杂的组合型服务产品，服务产品由主题服务产品，如展品展项、主题演绎、科普教育等，以及配套服务产品如场馆运行、设施设备保障、安全保障、环境保障、后勤服务保障等组合而成。

为上海科技馆服务产品提供保障的工作人员有成百上千人，像身处第一线的讲解员、展厅工作人员、志愿者、以及幕后工作的行政管理人员、物业服务供应商、设备维保供应商、餐饮服务供应商等，所有服务人员及服务供应商组成了上海科技馆的"服务供应链"，他们共同以"上海科技馆"的名义为参观者提供服务。我们就是根据这套服务产品和服务供应链理论，在上海科技馆运营管理过程中率先尝试并持续开展管理体系建设工作，取得了非常不错的管理绩效。

我们的管理体系方法总结起来就是"计划、预算、统计、考核"八个字。计划就是服务全覆盖，把上海科技馆运营管理和服务保障的所有工作都列入计划管理体系，并测量工作项目的数量、时间进度、用工量等要素。有了工作量就可以测算成本，预算管理体系雏形就有了。所有的工作做完之后不仅要记录，还要进行统计和分析，完整的统计过程和结果就形成了统计管理体系。将所有的统计数据按照事先设定的考核指标进行排序和对照，就可以量化显示管理绩效和服务绩效，这就是考核管理体系。考核管理并非是期末工作，而是从计划管理初期就开始的全过程管理，当统计结果出来之后考核结果也同步出来了，期末的考核工作只须顺理成章将考核结果与个人或组织奖惩挂钩。这就是我们的管理体系，简单明了且实用，个人和组织从初期就明确自身的目标，过程中也知道自身的工作成果及努力方向，期末也知道自身的绩效。我们的管理体系就是将上海科技馆运营管理目标转化为组织和个人量化的服务工作及服务绩效的一整套管理制度和服务测量体系。这套管理体系在上海科技馆运营管理实践过程中持续改进，每年更新一个版本。现在我们已将这套管理体系提升为公众场馆运营管理的系统性标准，具备了管理测量和服务测量的核心算法。

问：在这个管理体系中，员工的作用是举足轻重的。您能谈谈管理中心员工队伍建设情况吗？

陶燕华：上海科技馆管理体量大、服务标准高，如何保证让每一位员工都能够达到管理标准，持续保持稳定的服务质量，这确实是对我们的严峻考验。我们以严格的纪律引领抓队伍建设，以学习型组织理论为抓手，持续提升员工整体素质。

管理中心在组织内部持续开展"创建学习型组织活动"，将学习组织理论与员工队伍建设进行融合，取得了成效。管理中心根据员工专业技术不同，分部门设立了星级员工的培训标准、考试标准和上岗激励标准，到2006年，累计有三分之二的员工分年度通过了不同级别的星级考试。管理中心所有的领班、管理员、主管级别的管理人员必须通过岗位考试、岗位考核，才能获得岗位见习资格和岗位任命。管理中心还逐步形成《员工职业生涯规划管理纲要》，用以指导员工积极开展自身的职业生涯规划管理，在团队内部形成了你追我赶的学习热潮和服务技能"比武"热潮，不仅解决了管理和服务的人才队伍建设需求，确保完成上海科技馆运营与服务保障，还为企业发展积极提供人力资源输出，成功创建了非常经典的人才培训基地模式。

我们多年来在员工队伍中持续开展创建学习型组织活动，一手抓管理体系建设，一手抓员工队伍建设，二者形成良性互动的关系。后来我们将这些实践经验经过精炼和提升写入由我和张迎主编的公众场馆专业人才培训教材《现代场馆管理与服务》中，并由上海人民出版社出版。

服务品牌溢出效应，提供全社会共享的公共服务产品

问：您离开上海科技馆后自己创业，上海科技馆的经历对您此后的工作有着什么影响？

陶燕华：我现在做的业务是为公共场馆的建设和运营管理提供咨询服务，帮助公共场馆形成运营管理标准和提高管理绩效等。我认为在上海科技馆的五年实践对我自身管理体系的形成是非常重要的。我在上海科技馆的日常工作经验中，找出规律和路径，通过创新形成知识体系，并广泛地运用到其他地方，这就是所谓的服务品牌的"溢出效应"。

整理人：刘淇枋

上 | 行李寄存便民服务

下 | 为老服务

在本书的编写过程中，我们已与多数所选作品的作者取得了联系，并得到了他们的支持，在此，我们深表感谢！但仍有少数作品的作者由于信息不详，暂时未能联系上。敬请这些作者与上海科技馆馆方联系。